JN111038

科学と自然を愉しんで

森幸一

ⅲ 三学出版

はじめに

　先日、K中の科学部のメンバーが久しぶりに集まるという連絡を受けました。二十歳という若さで亡くなったN君の墓参りもかねて、7〜8人の卒業生が集まりました。

　宴もたけなわになり、それぞれの卒業後の体験談で話が盛り上がりました。すでに、子どもに恵まれているものや養子になって名前が変わっているものもおり、それぞれがおもしろおかしく語っていました。

　私が科学部の担当になって、初代の部長をしてくれたTさんは、もうお母さんになっていました。学生の時から、さばさばとした気持ちの良い性格はそのままに、しっとりとした大人の雰囲気も併せ持つような女性に成長していました。

　木工作が得意なY君は、大工になって、彼らの中でも一番の稼ぎ手でした。中学生の時から手先が器用で、部活動で使用する実験道具を次々と作り出すなど活躍してくれたので、現在の仕事も彼にぴったりなのだと思いました。彼の下の名前は、有名な武術家と同じでしたが、なんと養子に行って、姓まで同じになっていて驚きました。

　2代目の部長のO君は、H大理学部で研究者を目指していました。また、H君は、K大理学部を卒業し、大学院に進むかそれとも地元に帰って理科の教師を目指すかを迷っていました。彼らの人生に、科学部の活動がどれほど影響したのか定かではありません。しかし、教え子の中から、同じ理科という教科を研究したり、教えたりしたいという者がいることに感謝したいと思います。

　私の手元に一冊の論文のコピーがあります。S大での恩師である杉田先生が助教授時代にご指導くださった、私の卒業論文です。研究題目は「イケチョウガイ卵の精子凝集素」です。先生の研究室では、琵琶湖に産する貝類を研究材料の出発点とし、その含有する複合脂質、主としてセラミド型脂質について構造生化学的研究が展開されていました。

　当時は、特にイケチョウガイ精子に特有なウロン酸糖脂質が、精

子の細胞膜に局在していることが杉田先生やＩ氏らの免疫化学的研究により明らかにされたばかりで、また、予備的な実験として、この糖脂質の受容体が卵細胞側にあるのではないかという知見も得られていたため、このような研究テーマをいただいたように記憶しています。

　残念ながら、タンパク質を扱うノウハウの蓄積が足りなかったり、アフィニティーカラムクロマトグラフィーの手法が確立されてから日が浅いこともあったりしたため、思うように研究が進まず、受容体の活性を一度だけしか確かめることができませんでした。その後、後輩のＴＹ氏やＴＨ氏、Ｙ氏らの旺盛な研究によって、精子細胞特有の糖脂質に対する卵細胞の受容体の分離にも成功され、また、この糖脂質が受精および発生に重要な生体物質であることが明らかになり、日本生化学会などで発表されるまでになったことを聞き及んでほっとしておりました。

　ところで、私の卒業論文の最後には杉田先生からの手書きのメッセージが残されています。「Ｍ君へ　たいへんよくがんばりましたね　私も見習うところが多くありました。これからの人生に役立てて下さい。」

　杉田先生は、一貫して無脊椎動物の複合脂質に関する比較生化学的研究に邁進され、毎年学術的価値の高い論文を発表し続ける研究室を築いてこられた研究者です。研究室の学生の研究は先生の手厚い指導のもとにこそ成立していたのであって、「見習うところが多くありました。」となぜ言っていただけたのか、また、科学雑誌に掲載もされなかったような私の研究が、どうして今後の「人生に役立」つのか、ずっとわからないでいました。

　卒業論文の研究で実験に明け暮れていたころ、「そんなしんどい研究をしなくても卒業できるのに」とか「教師になるのに何の役に立つ研究なのか」、「どうせ教官にやらされている研究なのだろう」と揶揄する人もいました。私は「それは違う」という思いを持ちながらも、そんな人の意見を論破できるほどの材料を持ち合わせていませんでした。ただ、それほど有名ではない大学に進学してきた私たちを、研究スタッフとして期待し、認めてくださる先生方の思い

だけはしっかりと受け止めながら研究を続けていました。

　しかし、今なら自信を持って言えます。私の教員としてのキャリア、そして理科教育を支える根本となっているのが、この研究室での経験であることを。

　大学卒業後、私は中学校の理科の教師への道を歩み始めたものの、初任校が生徒指導上課題の多い学校であったこともあり、理科教育の研究からは縁遠いところにいました。ところが、ある日突然、杉田先生から電話をいただきました。「堀太郎先生が御退官される。記念講演の電灯のスイッチを操作する係を頼むから来なさい。」と、このような内容だったと思います。

　講演会では、私が今後理科教育の実践を続けていくうえでキーパーソンとなるたくさんの先生方との出会いがありました。中でも、理科の教員の大先輩であるK先生やS先生には大きな影響を受けました。このことは、日々の生徒指導や人権教育に埋没していた私を「理科」に引き戻すきっかけになりましたが、そうなることを考えて、杉田先生が導いてくださったのでしょう。

　2校目の学校に転勤したときに、私は科学部を受け持ちました。その中学校は、クラブ活動などの特別活動が盛んで、運動部にも文化部にも全国大会出場経験を持つ部活がいくつもありました。中でも、科学部は全国的に最も権威ある科学研究のコンクール「日本学生科学賞」で総理大臣賞を受賞するなど、県下で最も有名な科学部のある学校だったのです。

　私が顧問になってから、まず手がけたのは「シロバナタンポポの果実の研究」でした。それから、手裏剣、水道水の研究、カブトエビ、温泉の研究など物理、化学、生物、地学のすべての分野で全国コンクールに入選や入賞をすることができました。

　このエピソードで自慢話をするつもりはありません。その頃の私の理科の授業は、実験を教科書の通りに生徒にやらせて、実験が終わったら、知識注入型の講義形式。ところが、科学部の研究を指導する上では、そんなやり方は全く通じなかったのです。そこで、生徒の自主性を最大限尊重するようになりました。この経験が、私の理科の授業に対する考え方を根底から変えてくれたと思います。

タンポポの研究を始めたとき、そのころの私はまだ、「知らない」というのが苦手だったので、こっそり植物を研究しておられる琵琶湖博物館の布谷先生に教えてもらったことを、そのまま生徒に答えていました。

　布谷先生によると、タンポポの在来の種類は多く、滋賀県には少なくとも数種類が分布していて、シロバナタンポポの分布はどうも他の在来種とは違う傾向にあり、研究者もまだしっかり把握できていないそうです。

　そのような研究者にもはっきりとわからないテーマで研究を進めるためには、生徒を研究スタッフとして信頼することしか私には出来ませんでした。Ｓ大の研究室の先生方が「学生を研究スタッフとして尊重する」ことを実践されていたのと同じように、偶然ではありますが、「生徒の力を信じる」指導スタイルとなっていったのでした。

　一言で、子どもたちの力を信じるといいましたが、これは難しいことです。先生がやみくもに「君たちの力を信じるからね」というだけではだめなのです。メンバーがお互いに相手の良いところを認めて信頼しあっていないと、話し合いでは、結局誰の意見が正解か、それだけを短絡的に求めることになってしまいます。

　科学部の研究で生かされる能力は、いわゆる学校の成績だけでははかれません。手先が誰よりも器用だ、コンピュータにデータをすばやく正確に入力できる、意外なアイデアがひらめく、まじめで人付き合いがいい、グループをまとめることが得意、そんな力をそれぞれの子どもが秘めていて、どの子も研究の過程で主役になる必要がありました。

　学生時代、研究室で実験をしていたとき、それは傍目には教官の指導なしには成立し得ない研究だと映ったと思います。学会に通用する研究を目指していたのですから、それは当然のことです。しかしながら、研究を通じて、「自分は昨日までと何かが違う」ということを絶えず実感していたように思います。そして、理科の授業や科学部の活動で生徒がわかったと顔を輝かせたとき、あのときの私と同じように「自分は変わった」と感じていたのだろうなぁと、今

では思うのです。

　これからお話しするのは、私がＫ中で体験した、子どもたちの発見物語です。

目次

水って同じじゃない

子どもの発意による研究って？

地域の力を借りて

新たな指導スタイル

さらば科学部

新生科学部スタート！

（1）科学とバスケのかけもち顧問

　初任の学校から転勤し、K中学校へ赴任することになりました。「琵琶湖のほとりの中学校から、琵琶湖から一番遠い中学校にやってきました。」と着任の挨拶をしたことを覚えています。この中学校に赴任して一番楽しみにしていたことがあります。それは科学部の顧問になることです。

　K中学校は当時創立43年、生徒数870名を超えるマンモス校でした。部活動などの特別活動が盛んで、運動部にも文化部にも全国大会出場経験を持つ部活動がいくつもあります。中でも、科学部は全国的に最も権威ある科学研究のコンクール「日本学生科学賞」で総理大臣賞を受賞するなど、県下で最も有名な科学部だったのです。

　前に勤めていた学校にも科学部があり、K中学校と競い合うように活動をしていた時期もあったそうですが、私が勤めたときにはほとんど活動らしい活動をしていませんでした。私は科学部を是非とも指導したかったのですが、「若い者は運動部の面倒を見ろ」という学校の方針で、やむなく中学校でかじったことのあるバスケットボールの顧問をしていました。

　バスケットボール部の顧問もそれなりにがんばったし、やりがいもあったし、先輩の先生方もよく教えてくださったのですが、指導者としては落第でした。10年近く一つの競技の指導をすれば、たまにすごい逸材のそろう年もあります。このチームなら少なくとも県の大会でベスト4にはいるのではと思った年もせいぜいブロック大会の決勝止まりで、どうしても勝たせてやることができませんでした。先輩のN先生が転勤され、初めて監督として指導したチームもそうでした。彼らがその後そろってM高校に進学、インターハイに出場したことを聞き、ほっと胸をなで下ろす始末でした。

　そこでK中学校への転勤を期に、絶対科学部の顧問になって、あんなこともやってみたい、こんなこともしたいと考えていたことを実現したいと思っていたのです。ところが、そううまく思うとおり

にはいきません。K中学校には、前任のM中学校時代にお世話になった、バスケットボールのS先生がおられました。「もちろんバスケットボール部を手伝ってくれるんやろうな」と強く押され、いやとはいえなくなっていたのです。

　しかし、最初の職員会議で、科学部顧問のなり手もいないのだと部活担当の先生が困っているということを聞きました。「バスケットボール部と科学部の両方受け持ちます。」私の手が自然と上がっていました。

　その後2年ほど、バスケットボール部と科学部の掛け持ち生活が続きました。しかし、このままでは中途半端で生徒にも迷惑がかかると思い、晴れて3年目に科学部専門の顧問になることができました。

（2）部員のスカウト

　さて、K中に赴任して初めて科学部の顧問となり、活動場所の理科室へ行ってみて驚きました。部員が一人もいません。待てど暮らせど、誰もやってきません。下校時刻目前に、3年生が2人ほどやってきてごそごそ何か始めました。興味を持って見ていると、無線の機械をいじっています。それで勇気を出して聞いてみました。「へぇ、それってHamの機械やね。4級ぐらいの免許持っているの？」すると、免許など持っておらず、これまでから勝手にやっていたといいます。それはまずい。明らかに電波法違反です。勝手に電波を出したら法律違反になると説明すると、それから彼らは来なくなってしまいました。伝統あるK中学校科学部も指導する顧問がいないので、活動は休止状態だったのです。

　そこで、新しい部員を募集することから始めました。新入生への説明会はふつうその部のキャプテンや部長がしますが、科学部は私が説明しました。ちょうど1年生の担当だったので、理科が好きそうな子に何人か声をかけました。仮入部のいの一番に、おとなしそうな、しかし礼儀正しい男子がやってきました。それが、O君、後に私が担当した部員では2代目の部長になる生徒です。理科のどんなことに興味があるか早速聞いてみました。すると化石集めという

答えです。

　K中学校の周りは、古琵琶湖層という新生代の地層が観察できます。これは昔、琵琶湖が三重県の大山田に誕生し、それが北上して、300万年から250万年ぐらい前に、このあたりを広い深い湖としていたときに堆積した地層です。ちょっと掘ると、やわらかい泥岩から炭化したての葉っぱやまだ鉱物になりきっていない貝殻の化石がたくさん出てきます。生徒たちの中にも、化石掘をして遊んだ経験のあるものが多くいます。

　古琵琶湖層の調査も良いテーマの一つになると思っていた私は、ちょうど3月に発見された多賀町四手のゾウ化石発見の報告会にO君をはじめ何人かの1年生を誘いました。中学校の周りの地層より少し新しい180万年前の地層から、アケボノゾウの一頭分の骨格が出たのです。その説明会が多賀町の公民館であるのです。

　また、この発掘にはK中学校科学部の大先輩（生徒として）である田村幹夫先生が関わっておられました。田村先生は日本で初めて明瞭な足跡化石を野洲川の河原で発見された方です。そんな方を先輩に持つクラブですから、きっといつかは古琵琶湖層をテーマにして研究もしてみたいと思っていたのですが、それはかなわないままとなってしまいました。

　なぜかというと、科学部の指導の中で一番苦労するのがテーマ選びなのですが、指導を経験すればするほど「生徒の発意」が大切だと思うようになったからです。子どもがやりたいと思う研究を尊重する中で、古琵琶湖層やその中に見つかる化石について調べたいという生徒が現れなかったという単純な理由です。

　新入生の説明会が終わると、6人の理科好きの男子が集まりました。新生科学部のスタートです。

（3）何をすればいいの？

　新入部員が集まったのはいいけれど、何をどうすればいいのかわかりません。ノウハウなんてありません。始めから壁に突き当たってしまいました。

そこで、困ったときの他人だのみということで、当時私が少しはまっていた「パソコン通信」に助けを求めました。「パソコン通信」とは、今のようにインターネットなどなくて、大きな弁当箱のようなモデムをパソコンにつないで、そこから掲示板のようなところ(BBS)でおしゃべりをするというものです。Nifty のような全国展開の掲示板もありましたが、その頃は草の根 BBS 全盛でした。滋賀県にはいくつかそんな BBS があって、私はよく「湖鮎ネット」というところに顔を出していました。

　湖鮎ネットではいろんな調査好きの方がおられて、県下一斉のホタル調査(ホタルダスとして有名です)なども、この BBS を中心に展開されました。お仲間には現在の琵琶湖博物館関係の方も多くいらっしゃいました。その後総括学芸員になられる布谷先生に知り合えたのも湖鮎ネットでした。

　琵琶湖博物館はまだ準備室段階でしたが、参加型博物館というコンセプトはできあがっていて、先に紹介したホタル調査もそんな背景から起こったものだったようです。博物館準備室で次の調査に選んだのがタンポポでした。もちろん紙ベースで募集することが調査の基本でしたが、パソコン通信でも調査の可能性を探っておられたようです。BBS の中で、タンポポを調査する小学生や中学生がいないか募集していました。私が「これしかない」と飛びついたのがタンポポ調査の始まりでした。

　タンポポは良く知られているように、外来種と在来種の見分けが簡単にでき(現在では雑種の問題があり複雑なのだそうですが)、関西では在来のカンサイタンポポと外来種のセイヨウタンポポやアカミタンポポの比率を比べることで環境の評価ができます。

　とりあえずは、この調査をすることが部活の大きな目標となりました。しかし、思いがけなく大きな疑問が次々とわいてくることになるのです。

（4）初代部長あらわる

　新入部員たちがタンポポの調査をしているころ、新たに2年生の

部員が入ってきました。Ｔ
さんとＯさんの２人の女子
です。Ｋ中学校では全員が
必ずどこかの部に所属する
ことになっていました。彼
女たちは１年生の時は科学
部ではなかったのですが、
もともと所属していた部が
自分にあわなかったため、
転部してきたのです。

　１年生の男子たちは、どちらかというとまだ幼い感じのする男子
たち、彼女たちはどちらかというと大人びた感じです。チームワー
クのとれる部活になるのだろうか。私は不安でした。同じように
タンポポの調査をやらしておいて彼女たちの「がんばって活動した
い」という意欲に応えられるのでしょうか。彼女たちには別のテー
マを与えようと考えました。

　またまた新しいテーマを考えなければならない。科学部に入って
くる生徒たちは「おもしろい理科の勉強をしたい」と思って入って
は来ますが「このテーマで研究したい」と決めてくる生徒はほとん
どいません。科学部の顧問の指導は生徒と一緒になってテーマを探
すことが大部分であると言っていいでしょう。テーマに沿って活動
している内に疑問がわいてきて、それが研究の課題になる、そんな
やり方でこれからずっと取り組んでいくことになります。

　しかし、私が新しいテーマを次々と思いつくはずがありません。
やっぱりここは、苦しいときの他人だのみです。この他人だのみが
科学部のスタイルとして定着していきます。今から思えば、全て他
人だのみでテーマは決まっていきました。ふつうは顧問の得意な分
野でテーマを設定しがちですが、今ではあえて不得意な分野にする
方がよいことがわかってきました。

　そんなわけで、当時総合教育センターで理科係の研修指導主事を
しておられた浅井浩先生に相談したところ、ヨシの根元に付着して
いる生物の浄化作用を調べているのだけれど、生徒がどんな風に理

解するか知りたいからやってみないかと言われ、またまた飛びつきました。

1年目の彼女たちのテーマは、ヨシ群落の植物による水の浄化作用に決まりました。ところで、始めに私がいだいた「チームワークのとれる部活になるのだろうか」という不安は全く心配ありませんでした。Tさん、Oさんの方から、1年生に良くとけ込み、たいへん仲良く活動ができるようになりました。そして、新生科学部の初代部長がTさんに決定しました。

Tさんは、たぐいまれなリーダー性とさっぱりした性格で、Oさんと良く協力し、みんなをよくまとめました。先輩後輩のわけへだてない科学部の気風は彼女から生まれました。

（5）タンポポのなぞ

タンポポの調査をやりだして1年生の彼らはいろんなことを私に聞いてきました。まず、白いタンポポがいっぱいあるというのです。私はこれまで気にもとめていなかったので、最初はタンポポ以外の別のキク科の植物だろうと思っていました。

タンポポの研究は以前からよくなされており、セイヨウタンポポなどの外来種とカンサイタンポポなどの在来種の好む環境、土壌などの違いはよく報告されています。この研究も、初めは科学部の基礎活動としてそれらの追試をしてみる目的で始めました。しかし部員がいざ調査してみると、次々と新しい発見をしていきます。

布谷先生に相談すると、タンポポの在来の種類は多く、滋賀県には少なくとも7種類が分布しているらしいこと、シロバナタンポポの分布はどうも他の在来種とは違う傾向にあることなどを教えてもらえました。私は、部員が次々に発見する疑問に答えることが出来なくなってきていました。

あとで考えると、顧問がこの研究はおそらくこうなるだろうとわかってしまっているテーマは、良い研究には発展しません。顧問がシロウトであればあるほど科学部の研究は発展していくものらしいのです。

シロバナタンポポは在来種の中でもユニークな存在です。このことが明らかになってきたのは、花が咲く数カ月間の分布データの集積と果実を採取してからの数多くの実験のたまものであり、12 名の部員の根気と努力の成果でした。

　しかし、この研究は最初の年だけで完成することはできませんでした。シロバナタンポポは本当に増えているのか、博物館準備室の調査結果も知りたかったですし、何よりも種子の発芽実験がうまくいきませんでした。他の植物が育ちにくい場所を好む外来種は、種子が地面に落ちてすぐ発芽するのに対し、在来種は他の草の背が高くなる夏季をさけて 10 〜 11 月に発芽するらしいことがわかりつつありました。これを待っていては、科学研究発表会に間に合いません。夏休みに入った段階で、この研究は来年度に持ち越そうということになりました。しかし、この決定があとでとんでもない事を引き起こすきっかけになります。

（6）発表大会に出たい！

　滋賀県では、「児童・生徒科学研究発表大会」が毎年行われています。この大会の歴史は古く、学生科学賞よりもさらに 10 年古いのです。2023 年の大会でなんと 77 回にもなります。この大会で最優秀賞を取って、学生科学賞県展に特別出品し、読売賞をもらうと中央の審査に駒を進めることができます。

　2 年生の T さん、O さんの研究は順調に進んでいました。ヨシの根元に付着する生物を水槽で飼育し、汚れた水を加えて COD の変化を追いました。ちょうど滋賀県ではヨシ群落の保護条例が整備された直後だったので、その内容も調べました。

　1 年生の研究は、前にも書いたように、今年で終わりそうにあり

ませんでした。でも、発表大会から中央審査へと進む話をしたら、どうしても出てみたいといいます。だいたい、4月の始めに、目標はでっかい方がいいだろうと、この話ばかりしていたのがいけませんでした。また、理科室の後ろ側にある陳列ケースには、伝統ある科学部の先輩が勝ち取ったトロフィーや賞状、中央表彰の写真などが並んでいます。自分たちも賞を取れるような研究をやってみたい、自分たちの力を試したいと思うのが人情です。

　そこで、今は退職されている鵜飼隆司先生に相談しました。鵜飼先生はS中、M中と科学部で顧問として活躍され、K中の黄金期には教頭先生としておられた方です。生徒の研究のために、モリアオガエルを自宅の床の間で飼育していたという伝説の持ち主です。

　生徒とともに鵜飼先生にテーマについて相談すると、出るわ、出るわ、新聞チラシのうらが、たちまち何十というアイデアでいっぱいになりました。おそれいりました。

　「今から間に合わすつもりやったら、生物はあかん。時間がかかりすぎる。やっぱり物理がええな。」

　アイデアの中で物理に関することを片端から生徒と試してみました。まずはやってみて、一番おもしろいことを基準に選びます。本当なら、こんな風に「発表のための研究」はルール違反だと今は思っています。でも、生徒の「発表大会にぼくたちも出たい」という気持ちは汲んでやりたかったのです。そうしてテーマは決まりました。「ワイングラスをこすったときに出る音の研究」が彼らの最初の研究テーマでした。

　ワイングラスに水を入れて、縁をぬれた指でこするときれいな高い音が出ます。水の量を変えると音の高さが変わります。西洋ではグラスハープといい、これに懲りすぎて身上をつぶした人までいるらしいのです。でも、やってみてもうまく鳴りません。こつがいるようです。最初に鳴らせたのはもちろん生徒でした。1日で全員が鳴らせるようになりましたが私は最後までだめでした。でも、鳴らせても研究にはなりません。水の量を変えると音の高さが変わるのはなぜか、どんな形、材質の容器が鳴りやすいのか。理科室の机が水浸しになるのもかまわず、ワイングラスとの格闘が続きました。

（7）顧問は写真を撮るだけ

ワイングラスが鳴ると、水の表面に今まで見たことのない波紋ができます。この波紋の数と音の高さの関係に、ほどなく生徒は（私も）気づきました。どうしてもこの波紋の写真が撮りたいといいます。いろんなことを試して、気づいていくの

は生徒の仕事ですが、記録に残すのは難しいことです。研究の結果を一つのノートとして残していくのは、たいへんレベルの高い作業です。これを指導するには1年以上かかります。

その点、映像として残すのは比較的簡単です。私はどの研究テーマについてもシロウトでしたから、生徒の活動の様子を撮るカメラマンに徹していました。それを見ていてある生徒に言われたことがあります。「先生は写真ばっかり撮って楽やね」そのくらい、部の備品である古いオリンパスのハーフサイズカメラでいろんな場面を記録しました。部費のほとんどは写真代といってもいい時期もありました。

しかし、ワイングラスが音を出しているときの写真が撮れるのでしょうか？確かに箱の中から出したこともない一眼レフカメラにマクロリングをつけることができました。でも、古いタイプの手巻き式のニコンです。カメラなんてオートフォーカスしか撮ったことがないのに、いきなり絞りやピントのことがわかるはずがありません。だいたい、フィルムの入れ方さえもわかりません。

生徒に写真は撮れないと降参することは簡単です。もともと、最初から外部の先生方のアイデアに頼り切っているシロウト顧問です。しかし、このあたりで役に立っておかないと顧問としての威厳が保てなくなってきていることも事実です。私はフィルムを買いに

行くふりをして、行きつけの竹村写真館に相談しました。

　写真館では、フィルムの入れ方からピントの合わせ方、マクロリングの選び方まで丁寧に教えてもらいました。「水の表面の波紋を撮りたい。絞りとシャッタースピードとストロボの距離を教えてほしい」「そんなことは、やってみなわからん。いろいろ撮って、一番いいのを選ぶ。写真のデータは必ず残す。あと、シロウトがとるならストロボはあかん。太陽が一番いい。」私は写真もやっぱりシロウトでした。

（8）発表会にのりこむ

　いよいよ新生科学部として出る最初の発表大会です。会場は今津町に決まっていました。発表の資料やいろんな荷物が多くあり、しかも受付は９時です。いったいどうして琵琶湖の反対側まで行こうかと思っていましたら、学校がマイクロバスを手配してくれるといいます。運動部が正式な大会に出るときは、前任の学校でもバスが出ていましたが、普通は冷遇されている文化部でもこんな配慮がありました。さすがにＫ中、やることが憎いです。町民のみなさんが出していただいている、文化体育後援会費に感謝します。

　ところで、科学研究発表大会のレベルは高いのです。前任の学校で夏休みの個人研究がすばらしかったので、一度出たことがありますが、その時は最下位の賞にも手が届きませんでした。審査の基準は内容の独創性、新しい発見、科学的な方法、資料の選び方、継続的努力、発展性、まとめ方、規定時間内での発表、研究記録、声の大きさ、話のわかりやすさなど多岐にわたりますが、何よりも大切なのは「生徒の発意」です。つまりやらされているのではなく、自分からやったということです。

　その点、理科の先生にも誤解があるようです。発表会に出ているのは、どうせ科学部顧問の発意による作品だろうという誤解です。この年ではありませんが、ひどい理科の教員に出会いました。作品を受付する仕事をされていた理科の教員が、提出しようとしていた生徒にこの場で簡単に説明してみろというのです。

19

教員の表情からピンときました。どうせお前らは言われたとおりにやっているだけで、研究していないだろうという勘ぐりであることが想像できました。生徒はまじめですから、うれしそうに説明し始めたのを聞いて、その教員は目を丸くしていました。科学部の研究は生徒の汗と涙の結晶です。顧問は道筋をつけるだけで、研究は手伝いません。顧問の一人芝居のような作品は発表を聞けばわかります。部員は原稿を読む練習はしますが、それは時間内に発表するためです。

　あとで書きますが、カブトエビの研究をした生徒は、日本陸水学会という学会でポスターセッションに招待されました。質問と回答だけの発表。原稿なんて何もありません。それができることが一つの目標でした。

　顧問は道筋をつけるだけと書きましたが、それは大きな役割です。研究をまとめるときも、もう一度みんなで写真の記録を見ながら話をします。文章を書かせます。それを添削します。顧問が自分で書いてしまえば簡単ですが、それでは発表ができません。発表大会こそがそれを見分けることのできる方法だと思います。

　今回の発表の目玉はヨシ群落の研究です。平成4年にヨシ群落保全条例（6月）、ごみ散乱防止条例（7月）が施行され、ヨシの大切さが一気に見直された時期であったからです。もちろん、その条例のことも生徒は調べましたが、研究の中心は琵琶湖岸での現地調査と理科室での実験です。夏休みにマイクロバスを借りて現地に赴き保全地区を観察したり、許可を得てヨシ群落の調査をしたりしました。ヨシは水深50cmまでの場所に生えていて、湖心に近い方が群落の密度は高くなること、茎の太さは若干細くなること等を発見しました。

　この調査は、1年生も手伝って科学部の総力を挙げました。もちろん、浅井先生にも現地で指導していただきました。しかし何より、中学校2年生の女子が腰まで泥だらけになりながら現地調査をリードしたことが驚きでした。こんな「ごそわら」（方言で汚い場所のこと）にどっぷりと入るという経験はおそらく初めてだったでしょう。調査は、メジャーやノギス、上皿はかりといった、いわば単純に長

さや重さを計るものだけを用い、はやりのデジタル機器やパックテストはいっさい使いませんでした。単純に長さを計る、数えるだけで大きな発見ができることを経験してほしかったのです。

　この研究は1年目としては自信作でした。レポートもこつこつと彼女たちで手書きされた数十ページの大作です。この作品と、「ワイングラスをこすったときに出る音の研究」で今津の発表会場に乗り込みました。

（９）いきなりのパフォーマンスで最優秀賞

　1年生の研究は、いわば急ごしらえでした。発表時間は1作品につき15分もあります。15分間しゃべろうとすると、研究内容も相当深く掘り下げていないと間が持ちません。そこで、ワイングラスなどを実際に鳴らしてよりわかりやすい発表をすることになっていました。水の表面の波紋の写真はとれていました。また、様々な音を録音してオシロスコープで分析し、一応の結論めいたものは出ていました。

　しかし、生徒の一番の不思議はそんなところにはなかったのです。試験管に水を入れて「ふーっ」と息を吹き込んだ時に鳴る音と、ワイングラスをこすった時に鳴る音では、水の量と音の高さの関係が逆になるのです。試験管は水をたくさん入れるほど高い音、ワイングラスは水をたくさん入れるほど低い音になります。これを発見した生徒たちから「どうしてこうなるの」と質問を受けました。

　物理が一番苦手な私は、正直なところわかりませんでした。振り返ってみると、顧問がわからない（知っている人間には何でもないことでも）研究が最も発展性があって、良い内容になることがほとんどでした。先生も知らないのかと生徒は俄然やる気が出てきます。そこで、知ったかぶりをしてしまうと終わりです。もしもあの時、「やっぱりなあ、あたりまえや」とでも言ってしまえばこの研究はつぶれていたでしょう。科学研究の楽しさは探究の楽しさです。わからないことを本当にわかるようになる。本で調べて終わりでは探究とはいえません。

でも、わからなかった悔しさから、私は次の休日に京都の本屋へ直行しました。音に関するあらゆる本を立ち読みしました。そうして、一応の答えはわかりました。試験管は笛と同じ鳴り方なので管の長さが、ワイングラスは木琴と同じように振動体の質量が音の高さを決めるらしいのです。でもこのことは生徒には言いませんでした。単に自信がなかったことと、本屋で立ち読みして調べたことが恥ずかしかったからです。

　でも、研究を進める内にそんな単純なことでもないらしいことが少しずつわかってきました。ワイングラスと水は固体と液体であるので単純に木琴と同じではありません。大人が丸一日、本屋や図書館で必死になって調べてもわからない疑問が生徒の前にごろごろしているのです。

　それで、発表会ではこの不思議さが聞いている人に直接伝わるよう、いろんなガラス容器の音を直接出しながら発表をしました。実際に実験道具などを見せることがあっても、発表の大部分が実験であったのは初めてだったそうで、なんと、一番の賞である滋賀県教育長賞を獲得してしまいました。

　自信作のヨシ群落の研究は発表者のあがりもありましたが、それでも読売新聞社賞をダブルで受賞しました。この賞は最優秀賞と称してはいますが、実質上は３位に与えられます。その時は、１年生のパフォーマンスが利いたかなと思っていましたが、事実はそうではないのでしょう。Ｋ中での９年間を振り返ってみて言える結論と

して、研究の良し悪しを決める要因の第一は、生徒の不思議がる気持ちの大きさだったと思います。ヨシ群落の方は私が入れ込みすぎて、調査の方法なども顧問主導型でした。彼女たちも１年生に負けたくないという気持ちで歯を食いしばってがんばりましたが、実は

私の指導方針が失敗でした。ヨシの研究については研究の先回りをしながら指導したので結論は見えていました。彼女たちには申し訳ないことをしたと思っています。

　それでも力を出し切った充実感から、彼女たちも１年生たちも爽快な表情でした。なんといっても、滋賀県の１番と３番です。友達にも自慢できるでしょう。初めての年にしてはできすぎです。共同研究は、実は個人に賞状や盾などといったご褒美は何もありません。コンビニでジュースを買い出しして、バスの中で乾杯しました。

（10）情報化社会の悲しさ

　その年の発表会で、私たち科学部にとって驚きの発表がありました。それはＴ中学校のタンポポの種子について研究したものでした。１年生が進めているタンポポの研究は、色々なタンポポの綿毛を種類別に集めて、そう果の部分と綿毛の部分に分けて重さを比べるのが研究の主体だったのですが、内容がそっくりでした。

　この研究は、琵琶湖博物館の布谷先生に相談しながら進めていました。先述の BBS 掲示板で、質問も回答も、誰でも見ることができる状態です。しかも私は、詳しいデータや今年の発表会には出ないことまでその掲示板に書いていました。

　証拠はありませんが、「やられた」と思いました。あまりにも内容が似すぎています。情報化社会の罠に落ちたのです。私のミスで、本当に悪かったと思っています。現在のインターネットは魑魅魍魎の住む恐ろしい世界ですが、パソコン通信の段階で経験しておいてよかったと、今では思えるようになりましたが。

　タンポポの研究は、１年生の部員たちとの間で、２年間研究して全国的なコンクールに出ようと約束していました。ワイングラスの音の研究では１番を取ったけれども中央審査には進めませんでした。中央審査に進むためには、科学賞県展の優秀作品ともう一度競い合って読売賞という賞をもらわなければなりません。その年の読売賞は発表会で２番だった地学分野の研究に決まりました。内容で負けていたのでしかたがないとも思いましたが、生徒たちは悔しが

23

り、来年こそはと誓いをたてたのでした。

　しかし、私は悩みました。タンポポの研究で、T中学校とテーマがかぶったら賞を取れるわけがない。これから内容を付け足したとしても、こちらがまねをしたと思われるに決まっています。それでも、そこが研究のスタートになっているのだから変えようもありません。今年一年の成果を棒に振ることもできないと思いました。来年の発表会に出るべきかどうか1年間悩み続けました。

(11) 研究の生きる道があった

　科学研究のもう一つの全国コンクールに「学生けんび鏡観察コンクール」というものがあります。今では「自然科学観察コンクール」と名前が変わっていますが、2023年で64回目という、これも伝統と権威あるコンクールです。しかし、名前からもわかるように、顕微鏡を有効に使うことが、コンクールの大前提であるだろうと勝手に考えていました。

　しかし、要項を良く読むと、コンクールには一部と二部があり、二部の方は顕微鏡を使った研究に限らないと書いてありました。このコンクールへは自分でレポートを書いて提出をします。県の大会、全国の大会と少しずつ進むコンクールは勝ち進むこと自体が難しいですが、逆に勝ち進むほどに賞を獲得できるのではという手応えを感じます。しかし、このコンクールはいきなり全国から何百、何千もの作品が集まります。その中で自分たちの作品が審査員の先生の目に留まるのだろうかという不安もあります。

　来年度は発表会に出ずに、このコンクールに出してみたらどうだろう。私は生徒たちに相談しました。「出すのはいいけど、発表会はあきらめるのですか。」やはり、今年度の大会で中央審査に進めなかった悔しさがあり、もう一度同じ土俵で勝負したいのです。

　滋賀県の中での勝負は無理だ。「学生けんび鏡観察コンクール」にレポートを提出しよう。全国から数多くのレポートが集まる中で、ただのタンポポの研究ではだめだ。研究の目玉を何にするか、話し合いました。それまでのタンポポの調査で、いろいろなおもしろい

ことが見つかっていました。在来種は、シロバナタンポポ、カンサイタンポポ、それからそのどちらでもない種類がありそうだということ。外来種もセイヨウタンポポやアカミタンポポがあり、分布に少し偏りがあることなどです。

　調査の主体はタンポポの綿毛を種類別に集めて、そう果の部分と綿毛の部分に分けて重さを比べることでした。この調査でもっとも特徴的な種類がシロバナタンポポでした。博物館の調査でもシロバナタンポポに注目されていて、県下一斉調査によると、20年前よりも確実にシロバナが増えていると、新聞にも報道されていました。シロバナタンポポを主役にしよう。そうして、研究テーマ「シロバナタンポポの果実の研究」は生まれました。

　この研究を仕上げるために、冬休みが明けた１月から話し合いを始めました。タンポポが咲き出す３月から調査を始めよう。そのために何をしなければならないかを事前に詳しく決めておいたのです。この研究には、４月から３年生になるＴさん、Ｏさんも参加することになりました。

　シロバナタンポポで気づいたことは何かないか。前年の春に調査した記憶をたどり、話し合いました。花や背丈が大きい、他のタンポポがあまりはえていない草地に多い、種が大きいなど、見た目に大きく違うところはすぐにあげることができました。他のタンポポより咲くのが遅いという生徒もいました。また、博物館の先生は、シロバナタンポポはこれまで滋賀県では湖東平野の愛知川以南にしか分布しないことになっていたが、今回の調査で滋賀県全域から送られてきたこと、カンサイタンポポは有性生殖だが、シロバナタンポポは単為生殖をするなど変わった性質を持っているらしいことを教えてくださいました。

　調べたいことは決まりました。シロバナタンポポの分布が他の種類と違っているか、一つの頭花にできる果実の数・平均の重さ・種子を含む部分の重さ・綿毛の重さなど、種子の飛びやすさ、発芽のしやすさ、単為生殖によって種子ができるかどうかなど多くの実験や調査したいことが出てきました。そこで、３月から５月までの３ヶ月間毎日分布調査をする、種子を種類ごとに集めてその後調べる、

季節を変えて発芽実験を行う、タンポポが咲いている間に単為生殖の実験をする等多くの活動計画を立てました。

　研究の目標や計画を決めたことで、またみんなのやる気が出てきました。大きな目標を持つことで、一致団結できる雰囲気が高まりました。よし、やるぞ。部員の気持ちは、冬の間から熱く、熱く燃えていったのです。

(12) 危機一髪！ギリギリセーフ

　K中では、卒業式前の2週間は部活動がお休みになります。これは予餞会 (卒業生を送る会) の練習のために、放課後は拘束されてしまうからです。予餞会では、1年生、2年生、そして教師集団が3年生を送るためにそれぞれステージで出し物をします。持ち時間は数十分で劇有り、歌有り、コント有りの楽しいものでなくては見てもらえないので必死です。劇は数週間前に放課後のオーディションを経てキャストが決められるという熱の入れようです。

　しかし、その間も科学部員は気が気ではなかったでしょう。こうしている間にも一番のタンポポが咲くかもしれない。研究の計画では、どの花が一番に咲き出すか、どの花が一番長く続くかも調べることになっています (実際にはセイヨウタンポポは秋でも咲いています)。

　予餞会も終わり、ようやく部活動が再会されることになりました。タンポポの研究の始まりです。新2年生は昨年度研究しているので調査は慣れたものです。春休みの内は、新3年生は教えられる側です。テニス部や野球部が練習している脇を、毎日、毎日科学部が調査して回ります。傍目には、散歩して遊んでいるように見えたかもしれません。しかし、彼らは真剣です。こうして3ヶ月分の分布と開花の調査が進んでいきました。

　新3年生には、重要なサブテーマが与えられていました。それは、単為生殖の実験です。単為生殖とは、めしべに花粉がつくことなく結実することで、植物の世界では良くあることです。もちろん、動物でも単為生殖をするものがいます。たとえばハタラキアリはどん

どん女王アリから生まれますが、全て雌で単為生殖です。琵琶湖や池にすむギンブナも単為生殖をするので全て雌なのです。

　タンポポの単為生殖を調べるために次のような方法を考えました。タンポポのつぼみの先の部分をハサミでカットし、おしべとめしべの先のない花を咲かせて継続観察します。そして、その花が結実するかどうかを見るのです。この実験をするグループは一番めだたない所に生えている元気なカンサイタンポポ、セイヨウタンポポ、シロバナタンポポのつぼみのおしべとめしべを切って、ビニルテープで印を付け観察しました。

　誰かに花が取られてしまわないように、立て札を立て、時々写真を取りながら観察しました。カンサイタンポポのつぼみはほどなく枯れてしまいました。セイヨウタンポポのつぼみはほとんど綿毛のない果実を結実しました。綿毛の部分は花の「がく」が変化したものなので、めしべを切るときに取ってしまったのでしょう。ここまでの結果は、山田卓三先生の「タンポポの実験」という本にも載っていたので、予想どおりでした。シロバナタンポポはどうなるでしょう。

　そんなある日、実験班があわてて理科準備室に飛び込んできました。「先生！観察しているところで草刈りしている人がいる（泣）」これは一大事、実験している株が刈られてしまったらたいへんです。タンポポは、もともと人がよく草刈りなどをする場所を好むので、当たり前のことなのですが、大事に観察した株が刈られては、来年もう一度実験するしかなくなってしまいます。大慌てで、部員全員で駆けつけました。

　なるほど、学校の前にある草地で動力草刈り機を使っている人がいます。あわてて実験中の看板を探します。ありません。「先生こんなところに飛んでいました。」哀れ、立て看板の上半分がちぎれて落ちているのを見つけました。みんなで、実験の印のビニルテープを探します。「あった！無事！無事！」みごとに残っていました。

　その時、草刈りをされていたお百姓さんが「あぁ、科学部がどうとかというふうに書いてある看板に草刈り機が当たって壊してしもたけど、その辺りは草刈らんと残しといたで。」ああ、よかった。シ

ロバナタンポポは無事でした。この研究最大のピンチでした。そうして数日後には、実験のシロバナタンポポは結実し、シロバナタンポポが単為生殖することが証明されました。

(13) 全国コンクールの結果は？

「シロバナタンポポの果実の研究」では次の5つのことがわかりました。1つ目は分布です。外来種は他の草が育ちにくい所を好んで広がり、シロバナ・他の在来種は他の種類の草が多い川沿いの土手や野原に広がって分布していることが分かりました。

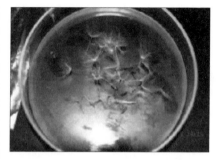

2つ目は、果実の数と重さです。タンポポの果実の数と重さをそれぞれ調べると、外来種は軽い種子を多く飛ばし、在来種は重い種子を少なく生産するということが言えました。この違いはいろいろな生き物にあてはまります。たとえば小さな卵をたくさん産卵する魚は、卵が成長する確率の低さを数で補っています。それに対し、大きな卵を産む鳥の仲間は卵の数は少ないけれども、丈夫で大きな雛がかえるので雛が成長する確率は高いのです。

三つ目は、果実の飛びやすさです。これについて調べたところ、果実つまり綿毛が飛び広がる範囲はシロバナタンポポが最も大きく、外来種がこれに続き、シロバナ以外の在来種は狭いと言えました。一番大きな果実を持つシロバナタンポポが実は一番遠くまで種をとばせることは予想していませんでした。

四つ目は発芽する条件について調べました。発芽実験は次のような4条件で行いました。
① 果実を採取してすぐ発芽させた。(20℃) 6月2日～
② 果実を採取してすぐ冷蔵庫で発芽させた。(4℃) 6月2日～

③　1 カ月以上冷蔵庫で保存して発芽させた。(25℃) 7 月 12 日～

④　1 カ月以上冷蔵庫で保存して気温が下がってから発芽させた。(15℃) 10 月 18 日～

その結果、外来種は②の条件以外ですべて発芽し、発芽率も 40 ～ 70 ％と最もよかったのです。シロバナを含む在来種は気温が 10℃前後になると 15 ～ 30 ％の発芽率になりました。在来種が 10 ～ 11 月の発芽試験ではじめて発芽したのは、他の草の背が高い夏季をさけて発芽するということで、在来種の好む草地や土手によい条件となっています。また、他の植物の育ちにくい場所を好む外来種にとっては、すぐ発芽することがよい条件になっていると考えられます。

五つ目に、前に述べたようにシロバナタンポポと外来種は単為生殖をすることがわかりました。単為生殖でできた種子を発芽させようとしたところ、外来種は発芽しましたが、シロバナタンポポは発芽しませんでした。温度条件が悪かったのか、もともと種子に発芽能力がなかったのかは分かりませんでした。

これらのことをレポートにまとめて提出しました。はたして、どんな審査結果になるでしょうか？全国から何百作品も集まるコンクールではたして審査員の目にとまることができるのでしょうか。部員もレポートを提出してからは落ち着かないようです。

そして、運命の電話がかかってきました。東京の毎日新聞社本社からです。「おめでとうございます。御校の科学部の作品が第二部三等賞に選ばれました。つきましては、表彰式に生徒さんといっしょに出席してください。くわしいことについては、いずれ郵送で連絡いたします。」ばんざい、やった！思わず大きな声を出してしまいました。でも、一番喜ぶのは部員たちでしょう。放課後まで待てません。部長の T さんにたのんで全員を集合させて伝えました。本当に良かったね。

（14）おのぼりさん東京に行く

　表彰式は、東京竹橋の毎日新聞社本社、毎日ホールであるとの連絡が入りました。研究は科学部全員の努力のたまものですので、賞状をみんなで受け取るわけにはいかないけれども、全員で表彰式に参加することにしました。

　タンポポの果実を頭花ごとに数える作業は大変でした。息をするだけで綿毛が飛んでしまうので、息を止めて数えて、他の場所で息をするそんな作業を繰り返していったのです。レポートにまとめてしまえばただの数字ですが、本当に自分たちでデータを出すということには大変な苦労が隠されているのです。

　提出したレポートは、表彰会場とは別のオリンパスホールに展示されることになりました。また、同時に研究の苦労や科学部の普段の活動などをまとめたビデオ作品も展示会場に流すのだそうです。K中の放送部は、全国コンクールで表彰されるほどの活動をしていましたので、部長にお願いして番組を制作してもらいました。

　テロップが入り放送部のアナウンサーが紹介する形で、本格的なビデオができました。これが会場にどんな風に流れるのかも楽しみでした。

　2月4日の朝6時過ぎの電車に乗り出発です。13時の表彰式のためにはこんなに早く出発しなければなりません。新宿で展示会を見て、昼ご飯を食べて、竹橋に地下鉄で戻って、また東京から帰る。日帰りの強行軍です。しかし、部員たちにとっては晴れの日です。新幹線に乗るのが初めてという1年生もいます。この経験が、きっとこれからの活動の励みになることと思います。

　3年生は、修学旅行が東京でしたので少し得意げです。「東京は人が多いで。迷子になったらあかんで」これは大げさではありません。東京は人の多さがけた外れです。大阪や京都とは全然違います。ビルの高さも違います。地元では道に迷っても、山並みを見れば方角が分かります。一番近いコンビニへは自転車で20分、正直言って田舎です。そんな私たちにとって、東京はニューヨーク並に怖いところなのです。

オリンパスホールで作品の展示を見ました。自分たちの作品や紹介ビデオを東京で大勢の人が見ている。なんか恥ずかしいけれども、ちょっと誇らしげなそんな気分になりました。そして、いよいよ毎日新聞社へ。地下鉄竹橋の駅から直接本社ビルに入ります。地下がつながっているのです。そしていよいよ会場に到着。会場は華やかに飾り付けられ、審査員の先生方もすでにおられました。特別審査員は有名な数学者の秋山仁先生です。式ではたぶん挨拶をされるはずです。

　式次第に従って式は順調に進み、K中の名前が呼ばれました。科学部の活動は地味で、対外試合があるわけでもありません。運動部のように試合に勝つ喜びはありません。もし、そんな気分を味わうとしたら、こんな表彰式で自分たちの名前が呼ばれるときです。そして今、部員たちは最高の気分を味わっているはずです。こつこつとがんばってきて良かったと本当に思えると思います。

　式では、私までが指導奨励賞をいただくというおまけまで付いてしまいました。式が終わると、別室でちょっとしたパーティがありました。でも、もう新幹線の出発の時刻が近付いています。途中で帰っても、地元の駅に着くのは10時過ぎになります。日帰りはちょっときつすぎました。もし、次の機会があるのなら、パーティに最後まで参加できるようにしよう。そう決意した私でした。

甲賀流忍者の巻

(15) 新しい顧問の先生来る

　その次の年は科学部にとってすばらしいことがありました。顧問が２人に増員されたのです。当時は、町の人口がどんどん増えていて、教室を建て増しても追いつかず、プレハブで授業を受けるクラスがあったほどでした。それで先生の数も毎年増えていき、昨年までの活動が認められて顧問を２人にしてもらえたのです。

　新しい顧問の先生はH先生。T大の大学院を出られた才女で、霞ヶ浦のある茨城県から滋賀県の採用試験をパスされて、４月に新規採用になったばかりの先生です。町の人口は増えていましたが、日本全体ではこどもの数がどんどん減っていく時期だったので、先生になることが大変難しい状況でした。それにしても、こんな田舎に来ていただけるとは万歳です。

　科学部では、私が転勤してきたときの１年生が３年生になっていました。６人の男子。そして、後輩は２年生が４人、１年生が３人。活動するには最適の人数だと思いました。今年こそ県の発表大会、全国の大会と進んでもう一度東京に行こう。それが３年生の合い言葉になっていました。

　H先生はすごく熱心でした。先生という仕事は、実はとてつもなく忙しいです。授業がある時間帯は授業をしなければならないし、放課後は会議や生徒指導や明日の授業の準備などで息つく暇もありません。まして新規採用の先生となるとそれに加えて研修があります。放課後の部活動に割ける時間はほとんどないのです。でも、H先生は毎日活動に参加されました。おそらく、明日の準備などは皆が帰った深夜にされていたのでしょう。

だいたい、科学部などの活動は練習メニューなるものは存在しません。運動部ならば、土日に練習した同じメニューを自分たちだけでやりなさいと言えば活動できます。調査活動が定着すればいいのですが、研究テーマを決定する大事な時期は、顧問は付きっきりになります。部員たちの話し合いに参加して、あぁでもない、こうでもないと口を挟みます。だいたい話し合いを聞いていなければ、部員たちがどんなことをやりたいと思っているのか、どんな支援をすればいいのかわかるはずがないのです。

　私はその年、３年生の担任をまかされました。３年生は学校の中心となって生徒会や部活動や行事を任されます。そんな生徒を放っておくわけにもいかない、また、進路の相談も受けるので、放課後の自由な時間はどんどんなくなります。Ｈ先生には申し訳ないけれども、ほとんどの平日の活動をお任せする、そんな状態だったと思います。

　Ｈ先生は、すぐに部員たちとうちとけました。２年生の女子生徒とはもちろん、男子たちもすごく慕っていたと思います。そんな部の雰囲気が大事です。本研究に向かっていくパワーはそんな仲間同士の支え合いから生まれるのです。もう一度東京に行こう、Ｈ先生たちの楽しそうな会話を聞きながら思いました。

（16）テーマは自分の足もとを掘れ！

　今年の本研究を何にするか。そのテーマ探しは、２月に表彰式に参加した頃からもう話し合っていました。タンポポの研究は一応完結したので、毎年の調査は基礎活動として、２年生と新入生に続けてもらうことにしました。

　３年生は男子ばかりだったので、ワイングラスの研究のように何か機械を使って研究がしたいといいました。ワイングラスの音の研究では、オシロスコープで音の高さや波形を調べた経験がありました。でも、同じことを調べても意味がありません。この段階では、研究の分野は物理かな、そんな程度の見通ししかありませんでした。

　新しい部長はＯ君になっていました。この生徒は化石が大好きで、

２年前にアケボノゾウの化石が発掘されたときに説明会にいっしょに行った一人です。「化石をテーマにしよう」とO君が言い出さないのかなと内心思っていましたが、彼は部員一人ひとりの意見を尊重するタイプでした。私自身は我田引水的な性格ですので、部活動の指導を通して生徒から学ぶ一方だったと思います。彼は本当にねばり強い生徒でした。

　物理の研究がしたいのなら、興味ある物理現象を経験することが大事です。なぜそんな現象が起こるのか考えることからのスタートです。そこで、ワイングラスの音の研究をしたときのようにいろんなことをやってみましたが、今ひとつ全員がやる気になる現象が見つかりません。全国的なコンクールや県の発表会の作品集も参考に見てみました。本当にこんなにもたくさんのテーマがあるものだなと感心し、逆に手がつけられていないテーマがあるのかなと不安にも思いました。

　そんな時、私が学生時代の恩師、堀太郎先生のことばを思い出しました。先生はこの年の１月に惜しくも亡くなってしまいましたが、Ｓ大という、どちらかといえば弱小の大学で世界に通用する研究をされた偉大な先生です。私は直接指導を受けたわけではありませんが、そのお弟子さんである板坂修教授や杉田陸海教授が指導されている実験室に来ては「研究は自分の足下を掘ることが大事」としょっちゅう言われていました。

　自分の足下を掘る、何のことかなと考えました。まず、人のまねをしないことだと思いました。そうして、日頃の生活の中で、何気なく見過ごしていることにもテーマが隠れていることかなと思いました。やっぱり化石でいこう、単純にそう思い、早く部長が化石の研究をしたいと言わないかなと心の中で思っていました。

　生徒にも「研究テーマはみんなの身の回りにある」と言ってみました。O君、化石に興味があるやろう、早く意見を言いなと声に出さずにつぶやきました。そうしたら他の部員が何気なく言いました。「K町といったら忍者やんな。」私は、何かで頭をたたかれたように思いました。足下を掘れというのは化石ではなかった、そんないかにも単純な発想ではありませんでした。地域のよさを本当に見つめ

なさい、こういうことだったのです。

　K町は甲賀忍者発祥の地です。まもなく近隣の5町が合併して市制がひかれる予定ですが、その新市の名前の候補に「忍者市」があがるほど、忍者とは縁の深い土地柄です。移築されたり改造されたりしたものではない、本物の忍者屋敷がありますし、近くの神社では流星といういわばロケットを打ち上げる風習も残っています。忍者ということばは皆を惹きつける強い力を持っていました。

　忍者というキーワードが決まれば、あとはアイデアがいろいろと出てきます。私は忍者関連だけでもテーマは無限にあるなと、その時思いました。そうして、部の話し合いから手裏剣が出てくるのにそう時間はかかりませんでした。

（17）手裏剣の研究

　さて、本研究のテーマは手裏剣の研究ということになりましたが、いったい手裏剣の何を研究するのかは決まっていません。とりあえず、手裏剣の模型をボール紙で作り飛ばしてみることにしました。もちろん、あてがあるわけではありま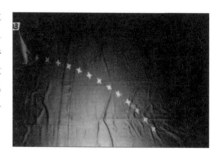せん。また、シロウト顧問のあてなど生徒は期待もしていません。とりあえず遊んでみて、遊びの中から不思議なことを見つけなければいけません。大切なのは観察です。

　ボール紙で作ったのは手裏剣の定番、十字型の手裏剣です。その他数種類、三枚羽根などの模型も作りました。この時、気をつけるようにいったのが、模型の面積を一定にすること。同じ材質のボール紙で作るなら、面積を同じにすれば質量もほぼ同じになるはずです。こういうときに、ちょっとした筋道をつけておくのが科学部顧問の役目です。

3日ほど遊ばせたら、何か発見するかな。もし、不思議が見つからなかったらどうするかな。そう考えていた矢先でした。ある部員が、「先生、手裏剣ってまっすぐ飛ばへん」とすぐに言ってきました。なるほど、回転させて飛ばすと、どの手裏剣も左に曲がります。回転させると曲がるということかなと心の中で思いましたが、絶対に口に出しては言いません。そんなこと言ってしまったら、生徒の追究はストップしてしまいます。「先生、Y君の手裏剣は逆に曲がる」本当？なぜだろう。「左利きやと逆に曲がるんや」と他の生徒。なるほどY君は左利き、投げたときの回転の向きが逆です。なぜ逆回転だと逆に曲がるのだろう。回転の向きが手裏剣の曲がる向きを決めているに違いない。「先生、なんでこうなるの？」正直言って全くわかりません。「わからへん」「先生、研究のテーマになる？」なるとも、さあ、これから忙しくなるなー。

　研究テーマが決まると、文献調査です。これは顧問の仕事にしていました。まず、過去の研究に同じようなテーマがないことを確かめます。忍者の手裏剣をテーマにした研究は、滋賀県のコンクールにも、全国のコンクールにもほとんど同じような例はありませんでした。同じような回転体が飛ぶ研究はいくつか例がありました。これは、丹念に読みます。大いに参考にするためです。研究の進む方向を間違えてはいけません。

　手裏剣の模型が曲がる方向は、ブーメランがかえってくることと関係がありそうでした。そこで、ブーメランのことが載っている本や過去の研究をコピーしてみんなで回し読みをしました。難しいところもあるので、全員が全てを理解する事はできませんが、それぞれが一部分ずつを理解していること、たとえば研究の方法など、みんなが同じ方向でイメージしていることはとても大切です。

　いよいよ研究に入ります。本当に手裏剣が曲がる方向は回転する方向で決まるのでしょうか。研究をスムーズに始めるには、予備研究が必要です。今回は、手裏剣の発射装置を考えること、その発射装置で飛ばしても、右利きと左利きの違いが再現されるかを予備研究のテーマにしました。この予備研究は副部長のH君とY君が担当することになりました。

(18) 科学部が体育館で活動するのですか？

　手裏剣の発射装置は、ほどなくできあがりました。工作が得意な
Y君の傑作です。ゴムと木材を使ったシンプルなものです。しかし、
シンプルイズベスト。しかも、右投げ、左投げが一つの装置で打て
るすぐれものです。これで、何回実験しても、同じ強さで手裏剣を
発射できます。予備調査の段階では、回転が反対だと曲がる方向も
ほぼ100%反対でした。しかし、発射装置を傾けていくと（つまり
横回転が縦の回転に近づいていくと）曲がる方向は一定しなくなる
のだそうです。

　よし、本実験だ。いろいろな実験の条件を考え、どんなデータを
取るかを決めました。制御する要因としては、手裏剣の羽の枚数や
長さなどの形、質量、発射装置の角度などがあります。体育館の床
に格子状にラインテープを貼り、各手裏剣の水平方向の軌跡、滞空
時間、飛距離を調べました。軌跡は、上と横から撮ったVTRをコ
マ送り再生して調べることにしました。

　この実験は体育館のような広い屋内でする必要があります。しか
し、学校の体育館はバスケットやバレーや卓球、剣道などの練習で
予定はいっぱいです。ここで、もとバスケットボール部の顧問の経
験が役に立ちました。近くの町立の体育館を借りることができたの
です。しかし、借用書を書くたびに聞かれました。「科学部が体育
館を借りはるのですか？」結局、体育館を貸し出す係の方全員に、
今度の研究を説明する羽目になりました。

　実験の結果、手裏剣がどちらに曲がるかは、手裏剣の表裏や質量
にはよらず、回転の向きで決まることがわかりました。しかし、手
裏剣が曲がる方向がきまっているのは水平回転から50度ぐらいま
でであるという条件もわかりました。更に詳しく調べると、十字型
手裏剣は質量が軽いもの程よく曲がり、丸型手裏剣は同じ質量の十
字型に比べ曲がりにくいことがわかったのでした。

　これらの結果は、真夏の体育館を閉め切って何百回となく実験し
た結果をまとめたものです。でも、これだけでは飛び方の特徴がわ
かっただけで、どうやってこの曲がりが起こるのかを確かめていま

せん。そこで、曲がる力がどのようにして生じるのか風洞を作って調べてみたいということになりました。これは、突拍子もないことではなく、みんなで読んだ本の中で、飛行機の翼が浮き上がるのを調べるのに風洞を使っていたからです。そこで、工作のもう一人のスペシャリストN君が風洞を製作することになりました。

伝統あるK中では、科学部に科学の研究でがんばりたいという動機で入部する生徒もいますが、他の学校での大多数がそうであるように「運動が苦手」というのも入部の大きな動機の一つでしょう。しかし、最終的に科学部を選ぶのは、やっぱり理科やものづくりが好きという理由なのです（K中ではコンピュータ部が別にあるのでそうではないが、他校ではコンピュータに興味があるものもいるだろう）。好きこそものの上手なれということわざがありますが、まさしくN君がそれでした。

試作機第1号は段ボールのボディに、模型の扇風機の組み合わせでした。整流部は厚紙の格子状になっていました。そして、空気の流れは線香の煙の行方で見ることになっていました。しかし、これは失敗作でした。線香の煙はすぐにかき消され、整流部は役に立ちませんでした。ボディは柔らかく不安定でした。それで、すぐに作り直しが言い渡されました。第2号はボディが木になりましたが、それでもうまくいきませんでした。そこで、みんなにアイデアを募集することになりました。

そして、ついに風洞実験機が完成しました。整流部は六角形の温度計ケースを利用して、まるで蜂の巣のようになっていました。これは、H君のアイデアではなかったでしょうか。そして、実験部では手裏剣の模型がモーターで回転するようになっていて、軸がばねになっているので力を受けると傾くように工夫されていました。

アイデアもすばらしかったけれど、それを一つひとつ実現していくN君のねばり強さ、工夫に頭が下がりました。彼は、高校を卒業したあと自動車の整備工として働いていましたが、二十歳に成る直前にこの世を去ってしまいました。ご冥福を心よりお祈り申し上げます。

(19) チームワークの勝利

　回転させた手裏剣に風があたると、羽根の回転面がコマの首ふり運動をはじめます。この運動は手裏剣が曲がる向きと同じ向きに起こりました。この運動は歳差運動と呼ばれ、コマやジャイロコンパスなどの回転体の回転軸がその方向をゆっくりと変えてゆく運動のことです。手裏剣が曲がる軌跡を描いて飛ぶのはこの歳差運動によるものらしいと考えられました。歳差運動をコマなどで観察することは容易ですが、空を飛ぶ手裏剣にも起こることを中学生なりに観察できたことはすばらしいと思いました。ましてや、彼らは歳差運動なんていう言葉自体知らないのです。

　手裏剣は水平面上でカーブするだけでなく、上昇もしました。ですから、その軌跡は歳差運動だけでは説明することはできません。そこで、手裏剣の軌跡をもう少し詳しく分析するためにマルチストロボ写真を撮ることにしました。マルチストロボ写真は自然落下などを説明するために、当時の3年生の理科の教科書にはよく出ていました。

　しかし、誰も撮ったことはないし、うまくいくかどうかもわかりません。これこそ、試行錯誤の連続でした。試しに、理科準備室に眠っていたマルチストロボで手裏剣の自由落下を撮ってみました。ワイングラスの時の経験が生きて、いろんな条件でたくさんの写真を撮り、一番いい条件を探りました。

　手裏剣の軌跡を撮ることには更に難しい問題がありました。これまでの模型、発射装置では飛ぶ距離が大きすぎて、軌跡全体を撮影することは不可能でした。そこで、Y君が更に小さい撮影用の手裏剣と発射装置を作りました。それでも軌跡全体を撮影することはむずかしかったので、発射装置付近の初期、中盤、終盤の3つにわけて撮影しました。

実験は大がかりなものになりました。理科室の床や壁を暗幕で黒くし、暗い部屋で撮影します。学校のマルチストロボだけでは光が足りなかったので、総合教育センターからお借りして、2台を連動させて使用しました。そして、いろんな条件、手裏剣を発射する条件だけでなく、ストロボの時間間隔なども含めて、最良の撮影ができるまで何百枚もの写真を撮りました。

　撮影の条件を読み上げるもの、シャッターを押すもの、記録するもの、撮影に合わせて背景の暗幕を移動するもの、手裏剣を発射するものなど、実験は何人もの人間の息が合わなければなりません。そうしたときに、部長の強いリーダーシップも必要ですが、それに応える部員がいてこそ成立した実験でした。特に、同じことの繰り返しにも思える作業を、機械のように正確にやり遂げるI君や、おとなしくて無口だけれど、まじめにねばり強く実験するHM君のような部員の真面目にがんばる姿が、全員の気持ちをまとめるには不可欠でした。

　軌跡のマルチストロボ写真からわかった速さの変化から、手裏剣の飛行について次のようなことが考えられました。手裏剣を右手で投げると、水平方向に時計回りに回転し、進行方向に対して常に左横向きの力が加わり左にカーブしていきます。その力は少しずつ増加していくので最後は大きくカーブします。また、手裏剣の発射装置はゴムの力で少しだけ斜め上に飛び出すようになっていたため、最初は下からの空気の抵抗を受けて揚力が発生し上昇していきます。やがて空気の抵抗により減速し、重力によって落下していくのです。

　これらの結果は「手裏剣の軌跡の研究」としてまとめられ、県の発表大会で県教育長賞を獲得し、中央審査に進出、みごとに日本学生科学賞三等賞に輝きました。

(20) 中央表彰に緊張する

　中央表彰式には全員で参加することにしました。表彰式の時間は13時からでしたが、その前に受付の諸手続や受賞者の記念撮影な

どがあり、始発の列車でも間に合わないことがわかりました。つまり、前日に発って東京に一泊することになりました。ちょっとしたミニ修学旅行です。

　せっかく東京に行くのですから、どこか科学部にふさわしいところを見学することになり、上野の科学博物館に行くことにしました。そして、渋谷のNHK。これで東京タワーにも行ったら本当に一昔前の修学旅行です。

　国立博物館の大きさ、展示のすばらしさには圧倒されました。日本における唯一の国立の総合的な科学博物館として、幅広く自然科学とその応用に関する資料を収集・保管してあるだけに、半日ではとても見て歩くことはできない大きさです。また、当時は滋賀県にはまだ博物館がありませんでしたから、ぜひとも県内にも立派な博物館がほしいと思いました。

　渋谷のNHKにも行きました。そこでは、渋谷という街の人の多さに圧倒されました。京都や大阪とはけた違いの人の多さ。お上りさんという言葉がありますが、まさに私たちがそうでした。けっして肯定したくない言葉ですが、人混みになれていない自分たちをどうすることもできませんでした。でも、その一方でどこにいても山の形や田んぼの風景で方角のわかる、自分たちの町が本当に懐かしく思え、やっぱり田舎がいいな、一番近いコンビニまで自転車で20分と馬鹿にされようとも、こんな街に住むのはごめんだなと私は思いました。

　ところで、表彰式の日珍しい出来事が起きました。式は1月20日京王プラザホテルで行われることになっていました。私たちは都庁のすぐそばにあるホテルに泊まっていたのですが、朝起きたら、一面の雪景色になっていたのです。京王プラザホテルに行く途中、雪景色の都庁の前で記念撮影をしました。

　京王プラザホテルについてから、私たちのお上りさん程度はピークに達しました。会場は超豪華ホテル、しかも数々の超大物芸能人の結婚披露宴などが開かれている「コンコードボールルーム」です。高い天井にはきらきらとまばゆいばかりのシャンデリア、広い会場には白い布の掛けられたテーブルに食器が並んでいます。今ではも

うありませんが、当時は表彰式のあと来賓と一緒に会食をする形式であったのです。

　来賓は総理府や文部省（当時）の関係者や委員長の大木先生のほかに、主催者の読売新聞社社長、巨人のオーナーとして何かと話題の渡辺さんもおいででした。そして、なんと秋篠宮殿下、妃殿下ご夫妻も特別ゲストでお見えになっています。そして、入賞者は秋篠宮夫妻を囲んで記念撮影があるのです。

　記念写真は中学生、高校生の順に撮ります。まず高校生が所定の位置に並んでリハーサル、その次に中学生が並びます。並んだままで、秋篠宮様が来られるのを待ちます。当時は警備も今ほどぴりぴりしたものではなく、秋篠宮様がお通りになるのを間近で見ることができました。そうして紀子様のおきれいなこと。もちろん容姿もですが、常に笑顔をお絶やしにならず物腰ソフトなご様子に見とれてしまいました。

　表彰式は、最優秀である内閣総理大臣賞からです。今回は、入選しただけなのでトロフィーや賞状を受けとることはできませんでした。表彰式に生徒と参加しつつ、物理、化学、生物、地学の全分野でこの表彰式に来たいな、いつかは必ず入賞して、生徒が直にトロフィーを受け取れるような研究を指導したいな、と思いました。

（21）テレビ番組に出演する

　どの県にも一つはある、U局のテレビ局が滋賀県にもあります。びわこ放送です。ローカルな番組と東京12チャンネル系列の番組を放送する地元密着型の放送局です。その放送局が制作する番組の一つに「教育ウィークリーレポート」があります。その番組から科学部に出演依頼が来ました。

　たとえ地元のローカル局であろうともテレビに出演できるとは光栄です。撮影の予定日には、どんな取材の要求にも応えられるように部員全員で準備をしました。3年生はすでに活動を休止し受験モードに入っていたのですが、今回は特別です。彼らの働きなしにはこの研究はあり得ませんでした。

そうして、カメラさん、ディレクターさん、レポーターさん、県の教育委員会の木村さんが撮影のために理科室に来ました。いよいよ、数々の資料、実験道具を前に生徒へのインタビューが始まりました。あらかじめ研究内容は私から説明しておいたので、ディレクターさんの頭の中では番組の構成ができていたのでしょう、撮影は順調に進みます。

　生徒のインタビューは、３年生部長のＯ君をはじめ、１年生にも及びましたが、それを聞いていて、改めて部員一人ひとりが研究の内容をよく理解し、自分の発意で研究を進めていたことが実感できました。インタビューに顧問が助け船を出さなければならないような場面は一切ありませんでした。

　新しい顧問のＨ先生は、今回の研究を振り返ってこのような文章を学生科学賞の研究紀要に寄稿されています。

　「雄大な湖と、歴史ある数々の寺社に囲まれ、近くの川では化石を見つけることのできる生徒たちを羨ましく思う。同時に、恵まれた環境の中にいることを意識させ、宝の持ち腐れにしてはいけないと深く感じている。この町はシンボルマークに忍者が使われるほど昔から関わりのある地域で、興味を持つ生徒も多い。着任した時すでにこの研究が始まっていたが、中学生とは思えない発想をし、まとめる生徒、機械マニアの腕を生かして装置つくりに取り組む生徒など、それぞれが得意な技術を持ち寄って進めていることに驚いた。」

　何はともあれ、撮影は無事に終了です。科学部の活発でアットホームな感じは十分に、また、生徒が感じた不思議を自分たちの作った装置で解決する様子が伝わる番組になりました。

水って同じじゃない

(22) 水にまつわる研究始まる

　その次の年は、私やＫ中科学部、そして滋賀県の理科教育を取り巻く状況にも大きな変化がありました。まず、私は現職教員の再教育制度を活用し、１年間学校現場を離れ、母校のＳ大学大学院で理科教育の研究をさせてもらうことになりました。

　数年前に現職教員の大学院受け入れが始まっていました。科学部の顧問を続けてきて、ぜひとももう一度研究の世界に身を置いてみたいと思うようになりました。学生時代は、化学の研究室で琵琶湖の貝類に含まれる脂質やタンパク質の研究をしていました。そんな研究はできなくても、実践的な教育の研究を通して、理科教師として一皮むけたいと願うようになっていました。

　そこで、学生時代、同じ化学の研究室で無機化学の研究をされていた川嶋宗継先生の研究室の門をたたきました。日本の環境教育の代表的な研究者として活躍しておられた先生のご指導のもと、水環境問題に関わる教材の開発を行うことになったのです。

　同じ年、琵琶湖岸の烏丸半島に琵琶湖博物館がオープンしました。博物館のコンセプトは、主題を持った博物館、野外への誘いとなる博物館、人々の交流の場となる博物館だそうです。開館前から、準備室の学芸員さんたちが身近な生き物調査や水環境カルテなど、地域の人たちとの共同調査を展開していました。そして、その中の重要なテーマが、私たちの命の水はどこから来て、どこへ還るのかということでした。

　科学部でも、運のよいことに水に関わる研究がスタートしていました。町内のＦ病院の先生が、昔からこの地域では尿道結石の患者さんが多いと言っていたと部員の誰かが家族から聞いてきました。その原因としては、カルシウム分の多い山の水を飲んでいる事が考えられるそうです。事の真偽はわかりませんが、自分たちが飲んだり使ったりしている水がどこから来て、どこへ流れているのかはっきりと知っている者はほとんどいませんでした。

そこで、K町の水道水はどんな水が水源なのかという調査から、次の研究はスタートしました。

　水道の蛇口をひねれば飲める水がいくらでも出てくる。そんな暮らしに私たちは慣れきっています。でも、その水はどこから来ているのでしょう。滋賀県の大多数の水道水源は琵琶湖の水ではないか、では、K町も同じなのだろうか。生徒たちはまずは役場に聞きに行きました。そして、K町の水道水源は主に地下水であること、水源は複数あることなどを聞いてきました。

　顧問の私は、逆に使った水がどうなるかを考える環境学習教材を大学で開発しようと思っていました。滋賀県では、ほとんどの河川が琵琶湖に流れ込んでいます。そして、河川は私たちが出す水の汚れをすべて琵琶湖に流し込んでしまいます。これが原因で、当時の琵琶湖はたいへんな状況に陥っていました。この環境問題を解決する教育のためのプログラムをつくり実践する。これが私のテーマでした。

　偶然にも顧問と部員がそれぞれの持ち場で水に関する研究を開始しました。1年後に2つの研究が出会いシンクロする、そんな期待をもって大学院での時間を過ごしました。

(23) 水の役割

　生き物の体は重さにして約90％を水が占めています。それは、水が生き物の必要とする栄養分や酸素などをとかしこんで、体のすみずみまでとどける役割をしているからです。

　私たちは、食べ物を胃や腸で消化して体の中に取り入れています。どこに取り入れているかというと、血液の中です。血液は栄養をいろいろな場所に運び、そこから先は細胞液という透明の液体によって、体の細胞のすみずみまで運ばれます。この血液も細胞液もほとんどは水からできています。

　植物は、根から水を吸収し、葉の裏から蒸発させて、土のなかにとけ込んでいる養分（肥料分）を自分の体に運んでいます。それだけでなく、植物は水と空気から自分の栄養分までつくり出している

のです。

　また、私たちは食べ物のなかの栄養分をつかって生きています。栄養分をつかうと、アンモニアや二酸化炭素などのいらないものができます。これが体内にたまりすぎると死んでしまうので、できるだけ早く体の外に捨てなければなりません。このいらないものを体の中から運び出して捨てるのも水の役割です。アンモニアはおしっこの中に、二酸化炭素ははく息として捨てられます。おしっこや息の中にふくまれている水の分だけ、もう一度水を飲まないと、体はカラカラに乾いて死んでしまいます。

　また、水は熱しにくく、さめにくいものの代表です。この水が地球上に海として大量にあるために、地球は昼間になってもそれほど熱くならないし、夜になっても冷えすぎるということはありません。また、海の水がぐるぐる旅をしているために（これを海流という）、熱帯の暖かさが南極や北極に伝えられます。生き物の体のほとんどが水でできていることは、生き物が生きるのに都合のよい体の温度に保つのに役立っています。もし、水が少しあたためるだけでふっとうしたり、少し冷えただけで凍ったりするものだったら、生き物はとても生きていられないでしょう。

　水の中にすんでいる生き物は、この水の性質をもっとよく利用しています。池の水が凍ると、氷で表面にふたがされるため、池の水全体が凍ってしまうことはめったにありません。だから、地上がマイナス何度の時でも、池や湖の中は０度、海の水もマイナス２度以下になることはほとんどありません。

　それに、水の中ではものを浮かべようとする力（浮力）がはたらくので、体をささえるのも楽です。地球上で最も大きい動物はクジラのなかまですが、彼らが地上で生活していたら、とても自分の体重をささえることはできないでしょう。

　もし、この地球上に液体の水がなかったら生命は生まれていないでしょう。水こそが生命の源であるといっても言い過ぎではありません。

(24) 水を使いすぎた人間

　水は生命にとって欠かせないものですが、また、工業や農業といった人間の活動にも欠かせないものです。水はいろいろな物を溶かしたり、汚れを落としたりするので、人間の生活のあらゆる場面で大量に使われます。

　私たちの生活が豊かになればなるほど、たくさんの水が必要になります。水は太陽のエネルギーによって循環し、使って汚れた水は生態系の働きできれいになってめぐっていたので、どんどん使ってもなくなることはないかのように思われてきました。しかし、人間の使う水の量が多くなりすぎたために、いろいろな問題が起こってきました。

　琵琶湖は、近畿地方1450万人の人々が利用する水源です。昔は、琵琶湖の水はそのまますくって飲めるぐらいきれいだったそうです。しかし、昭和30年頃からしだいに汚れはじめ、昭和47年には将来が心配されるくらい汚れてしまいました。それ以後、まわりにすむ人々の努力によって、水質の悪化はくい止められていますが、安心はできない状況です。

　琵琶湖の水の汚れにはいろいろありますが、代表的なものがプランクトンの異常な増殖による汚れです。春から夏にかけて、池や湖の水はどんどんにごってきます。このにごりの正体は植物プランクトンです。

　植物プランクトンはどうして増えるのでしょうか。植物は太陽の光で、水と二酸化炭素を材料に光合成を行って生きています。植物プランクトンがどんどん増えるためには、このほかに適当な温度とほんのわずかの肥料分が必要です。肥料分とは、主にちっ素、リン、カリウムといった元素をふくむ無機化合物のことです。

　まだ透明な池の水を水そうにくんで、液体肥料をほんの一滴入れ、明るい窓際においてみましょう。すると、1週間もたたないうちに緑色ににごってきます。液体肥料を入れていない水そうと比べると違いは明らかです。

　では、池や湖には誰が肥料を入れているのでしょうか。魚や植物

が死ぬと、その死がいが微生物によって分解されます。すると、肥料分になる無機化合物も水に溶けだしてくるのです。

　しかし、最近では、人間の活動によって湖に流れ込む肥料分が大変多くなってしまいました。今では、自然に流れ込む量の何倍もの肥料分が、湖や海に流れ込んでいます。人間の流し込む肥料分のうち、一番多いのが家庭から流れ出るものだといいます。

　地球上には大量の水があります。このような星はいまのところ地球しかありません。しかし、その水のうち97％以上が海水で、私たちは塩辛くて飲むことができません。真水は約2.5％ありますが、ほとんどが南極や北極の近くにある氷で、私たちが直接飲むことができる湖や川の水は、0.01％しかないのです。

　日本では飲むことのできる水が贅沢なくらいあります。でも、その水が汚れてしまっては、私たちは生きていくことができないのです。自分たちの飲んでいる水は大丈夫だろうか。自分たちの汚してしまった水はどうなるのだろうか。現代ではそんなこともわかりにくくなっています。人々の使う水がすべて上水道や下水道といったものに隠されてしまったからです。それを自分たちの目で見てみる。それも科学部にしかできない方法で。それが次の科学部のテーマでした。

(25) 水道水の溶存成分の変化の研究

　学校現場を離れて、母校のＳ大学での理科教育や環境教育の研究を終え、１年ぶりにＫ中学校に帰ってきました。科学部のメンバーはその間に代替わりして、私がＫ中を留守にした年に入学してきたＮ君らが中心メンバーになっていました。

　Ｋ中学に戻って最初の部活動で、Ｈ先生からＮ君たち２年生男子７人を紹介してもらいました。「ほんとに明るくてよい子たちばかりなのですよ。部の活動もすごく熱心だし」と彼女から聞いていたとおりの部員たちでした。２年生はこの７名、そして３年生は全国コンクール入選を体験した頼もしい生徒たちです。

　私がいない間に、水道水の研究はずいぶん進んでいました。驚い

たことに、Ｋ町の水道水源はほとんどが井戸で、しかも地域ごとに違う小さな水源でした。各水源で分けてもらった水を観察すると色や透明度が全然違います。これまで、滋賀県の水道水は琵琶湖の水と決めつけていた自分の頭の固さが露呈します。

　部員は５カ所の水源の水、そのろ過水などを調査していました。そのころ計れるのはpHや電導度、水温ぐらいでしたが、５カ所ともに特徴があり、水質はみんな違っていることが予想できました。また、研究のスタートが「おいしい水」であったので、町内全域の83家庭に水道水をもらい、水の利用や味に関するアンケートを行っていました。これらの水のサンプルはポリビンに小分けされ、冷凍保存されていました。

　「あとは、これらのサンプルが水質的にどう違うかということを調べたいのだけれど中学生にどうやって調べさせたらいいのかわかんないんです。」とＨ先生に相談されました。一番調べたいのは、カルシウムやナトリウムなどの陽イオンなのですが、化学的な方法は中学生には難しすぎます。化学のマスターであるＨ先生は最初、化学分析を部員に指導されていたようですが、正確なデータを出すことも、方法を理解することも、分析技術を習得することも中学生には難関でした。

　中学生に簡単に調べられるのは、デジタルデータで測定できるpHや電気導電率で、そのデータはもうとってあります。しかし、町内のＦ病院の先生から聞いた、この地域では尿道結石の患者さんが多いという事実と結びつけるためには、どうしてもカルシウムの分析が必要です。けれども、薬品をいろいろ使って、最後に滴定したり比色したりする方法は中学生にはなじみません。

　とりあえず、サンプル1000mlを蒸発させて、蒸発残さを調べることにしました。これは理科の教育内容の発展であり、中学生にも理解することは簡単です。ホットプレートでゆっくりゆっくり蒸発させて、最後に小さなビーカーに移し替えます。そのビーカーの質量を正確に計っておいて、空の質量と蒸発残さが残った質量を比べます。幸い、タンポポの果実の質量をはかっていた正確な電子てんびんが大活躍をしました。

1000mlの井戸水を蒸発させると結構な量の白い粉が残ります。大半はナトリウムやカルシウムの塩だということが予想できます。分析の方法は今はわからないけれど、この粉もしっかりとデータを整理して保存することにしました。これらの実験は保存されていた水では足りないので、もう一度各家庭、それぞれの水源から2000ml以上の水をもらい直して行いました。

　部員たちは水をもらい直すことをいやがりもせず、町中を自転車で駆け回りサンプルを集めました。水に関するアンケートを家の人に聞き取ったり、水道水をきれいなペットボトルにもらったりすることで、地域の人と親しくなる、そんな活動を楽しんでやっていました。

(26) どうする？やっかいな陽イオン

　水のサンプルを蒸発させて残った白い粉の成分は何か、できれば全体の質量だけでなく、何がどのくらい含まれているかを知りたいと思うようになりました。水源の蒸発残さの量はどこでも多く、水源から遠い家の水道水の残さは少ないという傾向がデータから読み取れていました。

　もともと井戸水が水源なので、アルカリ分が多く、残さも多いのですが、水道管を巡るあいだに溶けていた成分が少なくなっているのかも知れない、そんな仮説が研究を進めるうちにできあがっていたのです。

　蒸発残さの正体を知りたい。この白い粉は何なのだろう。そんな単純な疑問なのですが、その問題を解くことは難しい。高等学校から大学にかけて学ぶ化学の知識を使ってしまえば分析できるのでしょうが、中学生にもできる探究の方法が生徒はもちろん、私自身

もなかなか思いつきませんでした。基本は理科の教科書です。理科の教科書や中学生向けの実験書を図書館でさがして、みんなで読みましたが見つかりません。ここで研究は暗礁に乗り上げてしまいました。

　当時、理科の教科書からはイオンの記述がなくなっていました。水に何が溶けているのかを調べる方法がどんどん教科書から消えていた時期です。塩化物イオンなら硝酸銀水溶液で白濁するので、定性的にはこれで調べることができる（この後、硝酸銀水溶液の記述もほとんど教科書から消えてしまいました）。そして、陽イオンを調べる方法は教科書には一つしかないようでした。炎色反応です。

　水に溶けているイオンの種類によって、いろんな炎色反応が起こります。水溶液をガスの炎にかざすと、陽イオン特有の色が見えます。銅イオンは緑、カルシウムイオンはオレンジ色、ナトリウムイオンは黄色などです。これを使えば白い粉が何かわかるかも知れない。さっそく蒸発残さの少量を塩酸で洗った白金線の先につけてガスバーナーの炎の中に入れてみました。炎の色はさっと変わりました。これはいけるかもしれない、部員はまだ気づいていませんがカルシウムのオレンジ色が出ています。微量の試料で、しかもわかりやすい実験ができそうです。

　しかし、サンプルには複数の陽イオンが含まれているはずです。これを見分けるのは、人間の目には不可能です。ここで、現場を離れて勉強した成果が役立ちました。私のいた研究室には、いろんな方法で自動的に水質を分析する装置がありました。その中に、原子吸光光度計というものがありました。原子吸光とは、高温に加熱して原子化した物質に光を照射したときに、構成元素に固有の幅の狭い吸収スペクトルを示す現象、あるいはそれを利用した分析方法のことを言います。これとは違うけれども炎色反応は固有のスペクトルを持っている。分光、スペクトル、原子固有の・・・。いろんなキーワードが頭の中をぐるぐると回っていました。

(27) 教科書にあるのは炎色反応だけ

　金属陽イオンの定量・定性分析は操作が複雑で、中学校レベルではほとんど行われていません。とくに、2つ以上の陽イオンが共存する試料の分析は非常に困難です。そこで、炎色反応を手がかりにして、水中の微量陽イオンの簡単な分析法を考えてみました。

　もちろん、これは科学部としての研究ではありませんが、このことによって、河川水や地下水中などの微量な陽イオンを定性分析することを中学生にも可能にし、科学部の研究を推し進めることが目的でした。

　しかし、残さをガスバーナーで燃やすだけでは複数の陽イオンの分析はできません。そこで、炎色反応によって発する光を、回折格子のレプリカフィルムを利用した簡易分光器によって分光し、それを暗室内で写真撮影してみました。すると、こんな簡単な方法で、炎色反応が特定の波長の発光と関わっていること、複数の金属元素の炎色反応が同時に観測できること、なおかつ、それらのイオンの大まかな定量ができることなどがわかりました。写真は、その時に撮ったものです。炎色反応特有の色（カバー 写真参照）と、基点から

の距離がそれぞれのスペクトルの波長に対応しています。また、写真の輝度がおおよその濃度に対応しています。

　この方法なら、中学生でも微量な陽イオンを分析することができるはずです。そうして、地域の水道水中のカルシウムイオンなどの濃度が水源により異なること、また、水源から遠ざかることによって陽イオンの濃度が低下することなどを「発見」することができました。

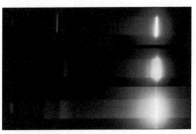

炎色反応のスペクトル検出装置（写真は暗室内で撮影）

カメラ　　　　　　　　　　　　　白金線

簡易分光器　　　　　ガスバーナー

詳しい実験方法は、次の通りです。実験装置は、分光器、カメラ、ガスバーナー、小型のプロパンボンベだけです。これを暗室に持ち込み、炎色反応を２分間露光しました。撮影した写真のスリットから輝線スペクトルまでの距離とスペクトルの色を、既知の溶液の写真と比較することによって定性しました。

　分光器は中村理化工業株式会社の簡易分光器 SM-60 を用いました。理由は d= 約 1/533mm のレプリカフィルムを用いて回析角が大きいこと、観察部の穴が比較的大きいこと、本体の厚みがカメラのレンズを隠す大きさであることなどによります。もちろん、回析格子のレプリカフィルムがあれば、自作することもできます。

　カメラはニコンの一眼レフを用いました。三脚に固定し、シャッターはレリーズを用いて操作しました。このカメラは、ワイングラスが鳴るときの細かい波を撮影するのに使ったのと同じものです。このころには、カメラは科学部にはなくてはならぬものになっていました。回析格子を通して光源を見ると視野の中でスリットの両側にスペクトルが見えますが、カメラではこの片側だけを撮影するように、分光器との角度を調節しました。

　塩濃度が微小である、水道水などの試料は濃縮する必要があります。そこで、よく洗浄されたビーカーに、試料水を 1.0 リットルはかり取り、ホットプレート上でゆっくり加熱して水分を蒸発させました。20 分の１程度になったところで、カセロールに移し替えさらに蒸発させると蒸発残さが残ります。これを２％塩酸４ ml で溶かして分析しました。

　あらかじめ、２％塩酸だけでは輝線スペクトルが撮影されないことを確かめておきました。これらの試薬等の調整にはイオン交換水を用いました。

　この分析方法の開発は「平成 10 年度東レ理科教育賞」の佳作に入選するというご褒美までいただきました。興味のある方は作品集を参照して下さい。

(28) K町の水道水はどこから？

　この分析方法をベースにして、水道水の溶存成分の変化の研究は完成しました。昔、山水を飲んでいた地区に結石の患者が多かったという町医者の言葉をきっかけに、結石の原因（悪）でもあり、ミネラルウォーターの成分（良）でもある水中のカルシウムに注目し、町内の水道水の性質を調べてみようと思ったのが始まりです。

　もともと井戸水が水源なので、アルカリ分が多く、残さも多いのですが、水道管を巡るあいだに溶けていた成分が少なくなっているのかも知れない、そんな仮説も研究を進めるうちにできあがっていきました。

　K町には水道水源が5ヶ所あり、各戸に違った水質の水が供給されていることを予想して、80ヶ所以上のpH、蒸発残さ、陽イオンなどを分析しました。これらとアンケート調査の結果からおいしい水の条件も考察しました。また、水質マップと水道管のモデル実験から溶存成分は水道管中で変化していることを突き止めました。蒸発残さの質量が水源地から離れるにつれて減少し、pHが低くなるのは、水中のカルシウムイオンが水道管の壁に水に溶けない形で吸着し、イオンの濃度が下がっているのではないかという仮説を立てました。これは、水道水を分析して、その結果をマップにして気づきました。

　また、塩ビのパイプを学校の水道蛇口につないで1ヶ月間水を少しずつ流し続け、その内側の付着物を開発した分析方法にかけ、カルシウムを検出しました。

　最初の分析の写真にくっきりと輝線スペクトルが写っているのを見て、生徒たちは俄然やる気が出てきました。多くのサンプルをそれぞれ2分間もの時間、撮影するのはたいへんな労力を必要としましたが、やりきることができました。

　分析方法の原理を生徒が理解するのに、サンプル以外に撮影した白色光の分光写真が有効に作用しました。白色光と違って、炎色反応の光は単色であることや、これにより溶けている物質を特定できることはすぐにわかったと思います。

研究の結果を大まかにまとめると、水道水が水源から家庭へ運ばれる間に成分が変化する原因の一つは、水道管の内側の付着物が水道水中の成分を吸収していることによるのではないか。この付着物は生臭かったので、微生物ではないかと考えられます。水道水は塩素消毒されているので、微生物がどれほど繁殖できるのか疑問が残りますが、浄化された水が１日以内ですべての家に届くとは考えられず、徐々に生物が生存できる状態になるのではないでしょうか。水源から遠く離れた場所では、生物に由来した付着物が水道管の内側に付き、必要なカルシウムを摂取するために水中のカルシウムが減少するのではないか、また、地区によって水中の成分の量に違いが現われるのは、水道管の材質による違いではなく、使用年数によって付着物の量に違いがあるからではないかと考えられました。

　研究の結論は少し飛躍しすぎているかとは思いましたが、工事で掘り出された水道管を生徒が実際に観察し何十か所ものデータを分析した結果たどり着いたものです。広い町内をくまなく巡っている水道管のほんの一部しか把握していないがために、普通では考えにくい結論に達してしまったのかもしれません。

　顧問の考えた新しい方法で実験を進めたのは、後にも先にもこの研究だけでしたが、この方法が科学部の研究を進める上で果たした役割は大きかったと思います。特に、普通の方法では分析しきれないような微量な成分を分析できたという事実から多くのものを得られました。

　この研究の成果をまとめたものは、第41回日本学生科学賞において三等賞を受賞しました。

(29) 水道水とどっこんしょ

　水道水の溶存成分の変化の研究で明らかになったのは、水道水に溶けている成分の化学的な分析の結果ですが、もともとこの研究は、町内の水道水に特徴があるらしいということから出発しています。

　滋賀県には、日本最大の湖である琵琶湖があります。この琵琶湖の水は、地元滋賀県だけでなく、隣接府県や琵琶湖から流出する

河川の下流地域まで含め、生活や産業の発展に欠かすことができない"命の湖"です。この「琵琶湖・淀川水系」を水源とする市民は1450万人にのぼります。農業用水でさえも琵琶湖から逆水によってまかなっている地域が県内では4割を占めるそうです。

　しかし、K町は琵琶湖から遠く離れた山間の町です。湖に臨むN市で生まれ育った私は水道水は琵琶湖の水と決めつけていましたが、K町では、4カ所の深井戸を掘り、それを水道水源としていたのです。一部、野洲川の水（県水と呼びます）も使っていますが、大半は地下水を源水として、それをろ過して、消毒処理をしたものを水道水として供給していました。

　K町のような山間の町にとって、水は本当に貴重なものです。特に作物を育てるための水は、河川の水を使えるところでは堰を作り、用水路を掘り使っています。町内には柚川を中心に140以上の堰があるそうです。

　川の水を利用できない大部分の水田は、山の谷頭に築いた「ため池」に頼っています。昔から人々は水を求め、様々な工夫と苦労を重ねてきました。生活用水はというと、「どっこんしょ」を利用していました。「どっこんしょ」は自噴水のことで、古琵琶湖層の粘土層の上にたまった雨水が、水を通しやすい層を通って、そこかしこでわき水として吹き出している井戸水のことです。

　この水は、冬は暖かく、夏は冷たいのでたいへん重宝しますが、金気が多いので、飲み水にはあまり適しません。そこで、町内にいくつかの深井戸を掘って水道設備を作ったのです。今では、便利になって、栓をひねればきれいな水道水が簡単に手にはいるようになりました。もともとの源水が井戸水ですから、ミネラルウォーターに近く、味も良いと思います。琵琶湖の水よりはかなりカルシウム分などが多いはずでした。

　研究のきっかけは、町内のF病院の先生が、昔からこの地域では尿道結石の患者さんが多いと言っていたと部員が聞いてきたことですが、学校で加湿のためにストーブの上でお湯を沸かす金属製の容器に真っ白な結晶がついていることから、水に含まれるカルシウム分が多いことには気づいていました。しかし、町内のほとんどの水

道が井戸水であるとは調べてみるまでは思いもよりませんでした。

　昔ながらの「どっこんしょ」は水道水用の深井戸を掘ったために水量が減ってしまい、今ではあまり使われなくなってしまいました。

(30) 杣川の研究

　水の研究の重要なテーマは、私たちの命の水はどこから来て、どこへ還るのかということです。科学部の研究は、私たちの飲む水はどこから来るのか、どんな水なのか、水を飲む私たちの健康との関わりがテーマでした。そして、その水がどこに還るのかというテーマは、選択教科「理科」の生徒たちが取り組みました。

　選択教科というのは、当時の学習指導要領から、中学校2年生以上では全ての学校で取り入れられた選択制の時間で、理科はそのうちの1教科です。選択理科の内容は生徒の実態に応じて各学校で定めるので、教科書はありません。課題学習や補充的な学習、発展的な学習など多様な学習活動を行うことができます。

　この選択理科の時間を使って、私たちが使った後の水のゆくえという課題学習に取り組むことにしました。水は使うと汚れます。家庭から出る汚れた水は、毒物はありませんが、栄養塩というものを多く含んでいます。栄養塩は自然界にとって必要な物質ですが、人間活動によって多量に環境中に排出されると富栄養化などの大きな問題を引き起こします。私たちのなにげない暮らしの中で無意識に環境中に捨てていることで大きな問題を引き起こすことは、二酸化炭素と地球温暖化の関係に似ています。このような問題を学習することで、今までは見えなかった自分たちの暮らしの問題点を生徒たちとともに考えていきたいと思いました。

　琵琶湖は富栄養化という大きな環境問題を抱えています。琵琶湖に流れ込む河川の水質をよくしていくことが問題の解決の糸口となるはずです。そこで、地域を流れる代表的な河川である「杣川」を教材にして、富栄養化問題の解決をめざした水環境学習を選択理科で進めることにしました。

　杣川は琵琶湖流入河川最大の集水域を持つ野洲川の支流で、K町

の中心を流れています。この柵川にさらに小さなたくさんの河川が町内全体を通って流れ込んでいます。このため、町内の汚れた水はすべて柵川に流れ込んでいることになります。

　滋賀大学教育学部附属環境教育湖沼実習センターの作った「みんなでつくろう水環境マップ」によると、柵川に流れ込む小さな河川の栄養塩は、流入直前で高濃度になっていることがわかりました。このような事実を生徒とととともに学んでいく環境学習を実践しようと考えたわけです。

(31) ちょっと変わった理科の学習

　授業はO先生という理科の若手のホープとのTT（ティームティーチング）で行いました。今ではTTは小学校の理科の授業などでもよく見かけます。最近はTTも含め、少人数指導が盛んになりましたが、当時は1年間を通してTTを行うことは少なかったのではないでしょうか。

　学習のスタイルはグループ別の課題研究ですが、それぞれの課題を決定するまでに数時間の一斉学習を行いました。まず、柵川に流入する川の上流と下流の水でプランクトンの培養実験をして比較してみると、1週間で明らかな違いが見られました。また、リン酸で青く発色する試薬を加えてみると、リン酸の濃度の違いが青色の濃さによってわかりました。さらに、河原の自然観察や排水路の調査活動と組み合わせて学習すると、生徒はいろいろな疑問を持つようになりました。リン酸はゴミから出てくるのだろうか、町内で一番栄養塩濃度が高いのはどこだろうか、柵川のようすは昔と今ではどのように違うのだろうかなど。

　これらの疑問を課題として、グループ別の課題研究に取り組みました。研究の結果、

リン酸が野菜くずや魚の切れ端などの食べ残しからたくさん出ていること、大型の新興住宅地の排水にはリン酸が高濃度に含まれていること、杣川に流れ込む小河川には生物の種類が少なくなってきている所があることなどがわかりました。

　基本的には、実験や自然調査から仮説の正しさを明らかにしていくという科学の方法を用いて課題を解決していくグループがほとんどでしたが、「杣川のようすは昔と今ではどのように違うのだろうか」という課題については、実験や自然調査などは行えません。そこで、この課題に取り組んだグループは、町内に住むお年寄りからの聞き取りという理科とは少し違った方法で研究を行いました。

　お年寄りに聞くと、昔の杣川の川底は今と同じように砂利や石や「ずりん」（粘土層のことをこの地域ではこう呼ぶ）でできていましたが、土手は今と違って雑草や竹や木が生えた土でできていたそうです。また、昭和27年から住んでいる人が、腰まで水に浸かる浸水を5〜6回体験し、2回土手が流れたためにコンクリートになったとおっしゃっていました。

　当時、井戸の水は汚くて、砂やシュロでこして飲んでいました。そのころは川の水が一番きれいで飲料水に適していたということです。川やそのまわりの小河川にはアユやオイカワなどいろんな魚がいて、手づかみやびんづけで捕まえたそうです。特にたくさん獲れたオイカワを茶碗蒸しにして食べていたことには驚きました。川沿いの住宅ができるまでは川で洗濯をしたり、大根を洗ったりしていたそうです。

　理科では、昔のことを知るのに地層を調べますが、数十年前のことは「お年寄りからの聞き取り」をしてよくわかりました。今では、総合的な学習の時間で同じようなことをしますが、そのはしりだったのかな、とも思っています。

　選択理科で研究してわかったことを地域の人に知ってもらおうと、積極的に情報発信もしました。町の文化祭や公民館の主催する「環境学習講座」で発表したのです。また、自分から「ゴミを考えるワークショップ」に参加する生徒もいました。情報を発信することは、自分たちの研究内容が整理されたり、地域の人に知ってもらう

ことでさらにやる気が出たり、人とつながることで研究が広がったりするという良い効果があります。これは、科学部の研究でも同じだと思いました。

子どもの発意による研究って？

（32）アンテナにビビッときた

　春、新たな研究の出会いが
また巡ってきました。科学部
でも新入生を迎える季節です。
　２、３年生は、中央で入賞
するような研究を目指してい
ますから、たいがいは１年生
の内にテーマを決めて、１年
半から２年くらい研究を続け、
東京で表彰を受けて引退する

パターンでした。ところが、水道水の研究の主要メンバーは１年の
夏から２年の夏にかけて研究したテーマで賞を取ってしまったの
で、もう一回、入賞するような研究をするためには、あと半年しか
時間がありません。

　水道水のテーマで研究を継続することも話し合いましたが、メン
バーの興味・関心はあまり盛り上がらないようです。大学なんかの
研究ですと、１つのテーマで何十年も先輩から引き継がれることも
多いのですが、中学生ではそういうわけにもいきません。何と言っ
ても、メンバーの興味・関心がテーマ決めの最重要ポイントになり
ます。

　そこで、科学部の伝統テーマである「タンポポ」についての研究
をすることになりました。「タンポポ」の調査は、毎年１、２年生
が継続的に行っており、データの蓄積もありましたし、カンサイタ
ンポポ以外の黄花の在来種が学校の近くに分布していそうだという
おもしろいテーマも見つかりつつあったからです。

　タンポポの調査は、また、新入生の訓練のためにもちょうど良い
調査でした。春のうららかな日に、先輩の手ほどきを受けながらタ
ンポポの記録を取っていく内に、自然観察のおもしろさ、データの
記録と保管など科学部でこれから研究していくための基本的なスキ

ルを身につけるためにはちょうど良いのでした。そして何よりもメンバーの良い人間関係を作るのに役立っていました。

　この年は、4人の優秀な新入生が入部し、9人の3年生が自分たちの研究データも蓄積しながらよく面倒を見ていました。4月は教師にとって目が回るくらい忙しい月でしたので、タンポポが咲いている内は、活動をほとんど任せておくこともありました。

　タンポポの調査が終わると、上級生は自分たちのテーマにかかりきりになり、新入生はテーマ探しの難問に挑むことになります。とはいっても、上級生の手伝いなんかをしている内に自然と見つかってくるのが不思議です。しかし、この年は3年生のテーマがタンポポで、すぐに真剣なデータ集めと解析に入ってしまい、新入生が手伝う余地など無くなってしまいました。

　2年生がいれば、そのお手伝いということになるのですが、たまたまこの年は2年生が居ませんでした。人が連続することがいかに大切なのかがよくわかりましたが、とにかく、興味・関心を持って、また、ある程度は自分たちで研究を進めることができて、しかも、ひょっとしたら中央表彰をねらうことができるテーマを見つけなければならないのです。

　こういう時のために、テーマについては普段からいろいろなアンテナを張っていました。大学の恩師のさらに恩師である堀太郎先生が「自分の足下を掘り続けなさい」と言われていた通り、テーマは身近に転がっていますが、アンテナを張っていないと気づくことはできません。しかし、顧問が気付いたテーマを生徒に押しつけることもまたできません。まずは、実物に触れさせたりして、興味がなさそうだったら次を示します。興味があるようだったら、それを続けるように支援します。答えのわかりそうなテーマはだめです。顧問が研究の結果を読めてしまうようなテーマでは、良い研究には絶対になりません。

　私が大学にもどって研究をしていたときに、実習用の田んぼに不思議な生き物がいることに気づきました。アンテナに引っかかったのはそのことだけです。私はその生物の名前も知りませんでした。そこで、新入生を誘ってみました。「田んぼにおもしろい生き物が

いたんやけど、取りにいかへんか。」これが、彼らの3年間のテーマを決めるきっかけとなりました。

(33) 水田の不思議なエビ

　田植えの時期、田んぼに満々と水がたたえられるころ、ほんの1ヶ月ほど姿を現して消えてしまう、そんな生き物たちがいます。そんな生き物のうち、ちょっと変わった形のホウネンエビ、カイエビ、カブトエビというエビに注目しました。

　エビといっても、実際はミジンコに近い仲間ですが、カブトエビでは大きさが4〜5cmになります。何と言っても形がそれぞれユニークで、とても3つが同じ仲間とは思えません。ホウネンエビは江戸時代の書物にも記載されており、田んぼの水面を背泳ぎしています。カイエビは文字通り、貝のようなからを持っており、泳いでいなければ小さな二枚貝と思うでしょう。

　カブトエビは、カブトガニのミニチュア版のような形をしており、生きた化石とも言われます。日本で発見されたのは1916年で、もともとは日本にいなかったものが、卵が何らかの原因で運ばれてきて、日本に居着くようになった外来の生き物です。

　大学の実習用の田んぼには、これらのエビの内、カブトエビがたくさん繁殖していました。ぱっと見は、オタマジャクシのように見えるのですが、捕まえてみるとヘルメットのようなからの上に2つの大きな目、しっぽは2またに分かれており、たくさんの脚を動かしています。

　ちょうど同じ頃、テレビの番組で生きた化石とされるカブトエビが大阪近郊の田んぼで見つかって、珍しい生き物として話題になっていました。そんなに珍しい生き物なのか？みんなが気づかないだ

けで、どこにでもいるのではないか。もしかしたら外来種ということから生息の範囲を広げているのではないかと思うようになっていました。

　生徒たちもこのおもしろい形に興味を示し、田んぼのまわりを走り回っては採集しました。小さな田んぼでしたが、田んぼには何万というカブトエビがいたのです。1年生は女子3人、男子1人のグループでした。カブトエビがあんまりたくさんいるので、小さな網でも簡単に採れ、用意した水槽はカブトエビでいっぱいになりました。持ち帰って飼いたいというので、大きくて元気そうなものを選んで、50匹ほど持ち帰ることにしました。

　理科室に持ち帰ってしばらくは、その形と泳ぎ方に見入っていましたが、何かテーマを持って研究しようと言うことで、テレビ番組のVTRを何回も見て、おもしろいと思ったこと、調べたいことなどを話し合いました。

　その番組では、カブトエビは「生きた化石」と呼ばれていること、水温が30℃以上になると酸素不足のために背泳ぎをすること、卵は乾燥させておいても、土と水、適当な温度などの条件がそろえばふ化するということが紹介されていました。

　そこで、次の3つのことを目標に研究を進めることにしました。1．背泳の回数と水温の関係を調べ、30℃以上で背泳の回数が増えることを明らかにする。2．カブトエビの卵が土にどれくらい含まれているか、土に水を入れるとふ化するか、同じ土から何度もふ化するか明らかにする。3．カブトエビがふ化するとき、光・水温・水の性質がどのように関係するか明らかにする。

　研究を進める上で参考になる本も探しましたが、カブトエビについて詳しく書かれた本は余りありませんでした。滋賀県小中学校教育研究会理科部会の「滋賀の水生動物」という本と、長野県の秋田正人という方が書かれた「カブトエビ」という本を参考にしました。「カブトエビ」という本は少し難しいけれど、カブトエビについてはまだまだわかっていないことも多くあることがわかりました。

　秋田先生と部員たちは数通の手紙を通して交流をすることができました。また、採取したカブトエビの標本を送って、研究している

カブトエビが「アメリカカブトエビ」であると同定していただきました。

(34) カブトエビの卵

カブトエビは雑食性のエビの仲間です。身体はうすい殻でおおわれていて、大きさは数センチです。40本以上ある脚をせわしなく動かして泳ぎます。頭には大きな複眼がついています。

6月から7月にかけて、田んぼに水が入るといっせいにふ化します。水田の底を泳ぎ回り、そのとき脚で泥をかき回して雑草の芽が出るのを阻害したり、芽生えをかじったりして田んぼの除草をするという人もいます。ふ化してから1ヶ月くらいで死んでしまいますが、翌年、田んぼに水が入れられるとまた現れます。

部員たちが一番興味を持ったのは、1年以上も土の中で生きている卵でした。カブトエビを飼っていた土を乾燥させて、そこにまた水を入れるとカブトエビの子どもがふ化してきます。卵はどのくらいの大きさでどんな形か、どんなふうに産むのか、土の中をさがしたら見つかるはずだ、など次々と疑問はわいてきます。

大学の田んぼでつかまえたカブトエビが生きている間は、水の温度をサーモスタットでいろいろに変えて調べましたが、温度と背泳ぎの回数には目立った関係はありませんでした。水温が30度以上になると、たしかにずっと背泳ぎをする個体が出てきましたが、それまでに観察できた背泳ぎとは明らかに違う、ようするにただ苦しんでいるだけに見えました。

つかまえたカブトエビが2から3cmになった頃、カブトエビの身体を詳しく観察しました。秋田先生の本を見ると、尾のつけ根のあたりに、丸い透明な袋（卵のう）があって、その中に卵が入っていると書いてありました。実際に

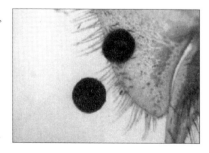

観察してみると、11 対目の脚が卵のうになっていて、40 個ほどのオレンジ色の卵が入っていました。目盛り付きのスライドグラスにのせて顕微鏡で観察すると、卵は直径 0.4mm のほぼ球形をしています。写真はこのとき撮った卵のうと卵です。卵は不透明なので黒く映っています。

　カブトエビを飼っていた土を 1 ヶ月ほど乾燥させ、この土に水を入れると本当にカブトエビの子どもがふ化するかを調べました。土を 300g とって、水を加えて待ちました。カブトエビの子どもがどんなものかわからないので、市販のカブトエビの卵も購入して、同時にふ化させ、比べてみることにしました。

　一晩経つと白いミジンコのようなものが見られました。10 匹くらいいるようでしたが、1 週間後には半分くらいになりました。市販の卵からも同じような生き物がふ化し、それぞれ 2 匹ずつが成虫のカブトエビにまで成長しました。

　土の中の卵がどのような状態になっているかを調べようと、土をふるいにかけて卵をより分けることにしました。乾燥させた土を良くほぐして、0.5mm のふるいにかけました。これで、卵より大きい粒を除きます。さらに 0.2mm のふるいにかけ、今度は卵より小さい粒を除きました。残った土の中にカブトエビの卵がたくさん入っているはずです。ルーペでよく観察すると、カブトエビの卵らしいものがあります。水につけると卵が浮き上がってきて、10g の中におよそ 40 個もの卵が含まれていました。

　このふるいにかけた土に水を入れて何日かすると、やはりカブトエビの子どもがふ化しました。約 4 kg の土をふるいにかけると、カブトエビの卵が含まれる土が 1 kg 出来ました。この土を使ってカブトエビがふ化する条件について、いろいろと調べることにしました。

(35) ふ化実験をくりかえした 1 年目

　カブトエビの研究を始めたころは、1 年生 4 人だけで研究をしていましたが、次の年に新しく 2 年生の女子が科学部に入ってきまし

た。元気な３年生のグループは、タンポポの在来種の研究を夏休みでまとめて引退することになっていましたので、この２年生のＮさんはカブトエビ研究グループにはいることになりました。

　彼女はまじめでおとなしい性格ですが、人当たりが良く、面倒見も良いので、１年生グループのお姉さん的な存在としてすぐにうち解けていきました。そして、３年生が引退後にみごとに新部長に選出されたのです。彼女の穏やかな物腰や人を引きつける笑顔がこの研究に果たした役割は大きいと思います。

　こうして、新しいメンバーも増えて研究はどんどん展開していきました。研究の記録は、どの研究も科学部専用の一定のフォーマットに記録していくことになっていましたが、この記録も明快、正確に書けていました。また、生物の研究は、これとは別に観察記録をつけることになっていたのですが、これも毎日欠かさず続けることが出来ました。科学の研究はデータをいかにわかりやすく残すかもポイントの一つですが、この研究のメンバーたちはほとんどこのような指導は必要としませんでした。

　ふるいにかけて卵の濃度をあげた土を使って、いろいろな条件でふ化実験をしました。

　ふ化実験の方法は、

①　ふるいでふるった土を 10g はかる。
②　0.25mm のふるいの上で 300ml の水で洗う。
③　水道をくみおいた水 100ml の中に入れる。
④　水温とふ化数を毎日記録する。

という統一したものにして、光、温度、水質と空気の量などの条件を変えて行いました。

①　光　黒い箱でおおったものとおおわないもの。
②　水温　盛夏、初秋、中秋、晩秋と季節によって水温が変化することを利用する。
③　水質と空気の量　くみおきの水の条件を、微量の塩酸を加え、pH3.6 に調整するもの、微量の水酸化ナトリウムを加え、pH10.6 に調整するもの、空気を毎日１分間吹き込ませるものなどの条件を変えました。

この研究では、ふ化には光は関係ないという結論になりました（しかし2年目の研究でこの結論は覆ります）。また、水温が高い方がよくふ化することがわかりました。これは、カブトエビは夏にふ化するからではないかと思います。水に十分な空気が溶けていてもいなくてもふ化率は変わらないことや、水質はわずかなアルカリ性、酸性どちらでも同じようにふ化することもわかりました。

　研究成果をレポートにまとめたものは中央審査にまで進みました。1年生と2年生の研究としてはレベルの高いものでしたが、全国の大会で賞を取れるほどではありませんでした。しかし、研究成果を発表する部員たちの力はこれまでにないレベルでした。もちろん、県の科学研究発表会では最優秀でした。実はこの発表会の練習のため、K町の文化祭で町民の前で発表をしたのですが、発表の途中でOHP投影機が不調で、トラブルが発生してしまったのです。このとき、機転を利かして自分の言葉ですらすらと発表を続けたのがTさんでした。彼女の度胸にも驚きましたが、何よりもメンバーの一人ひとりが研究の内容を理解している深さが、発表を通じて伝わってきました。

(36) まだわかっていないことを研究しよう！

　卵を含んだ土はたっぷりありました。冬は定温庫を使って人工的に温度を調整する実験のしやすい時期です。冬の間に、温度とふ化の関係をもう少しつっこんで追究していこうという計画でした。しかし、実験には失敗してしまいました。どうも、真っ暗な定温庫の中では卵がふ化しないことが原因のようでした。

　1年目の研究について、中央審査を担当された先生方から次のようなアドバイスをいただいていました。「カブトエビの生態について野外観察

をじっくりしてほしい。生物の研究はまず野外での調査である。そして、野外調査の中で生じた疑問をフィードバックして理科室で観察・実験してほしい。」

　卵を濃縮させた土はたっぷりあるけれども、いたずらにふ化実験ばかりしていてもだめだ。そこには、疑問を解決するという基本が抜け落ちていました。また、ふ化させるのは容易だったけれども、２cmを超えるような大きさに育てることは難しさがありました。卵から育てたカブトエビにもう一度卵を産ませることができないでいました。

　もう一度野外観察に立ち戻ろう。そして、疑問を見つけよう。審査評の中には「本研究では新しい発見は残念ながらなかった」ともありました。「まだわかっていないことを研究しよう！」が科学部の合い言葉になりました。

　昨年の研究に使った大学の田んぼは中学校から遠い場所にあり、頻繁に通うことができませんでした。野外観察を研究の中心にすえるためには、まず自転車で行ける程度の所に観察フィールドを持たなければなりません。学校の近くにカブトエビのいる田んぼを見つけることが、まずは課題になりました。そこで、とりあえずカブトエビがいるところを見つけようとして、田んぼに水が入る前から、町内20ヶ所程度の田んぼを予備調査したり、水が入ってからは生物調査をしたりしました。予備調査をしていても、休耕で水が入らない田んぼもありました。部員がK町で初めてホウネンエビを見つけたのが４月14日でした。５月の連休をスタートに本当に多くの田んぼをまわって、カブトエビを探しました。

　また、よく目立つポスターを10枚ほど製作し、農業をする人がよく来る場所にはりました。そして、新聞や町の広報誌などにも記事を載せてもらい、広範囲に情報を集めたのです。すると、カブトエビは県南部の大津、草津、守山など開発が進んだ都市近郊の田んぼにはいることがわかりましたが、K町や隣り合う町からはカブトエビが生息するという情報は一件もありませんでした。

　探せば探すほど、K町にはカブトエビはいないという思いを強くしていきました。このままでは研究が出来ないのではないかという

おそれを抱きながら、カブトエビのいない田んぼを延々と調査して回りました。一方カブトエビのいる田んぼについては、保護者などの協力を得て、自家用車に分乗して調査に行きました。

　このようなことから、K町ではカブトエビは生息しないか、数が少ないのではないかとの考えがどんどん強くなっていきました。だとすると、K町にカブトエビがいないのはなぜか、ということがこの研究での最大の疑問となったのです。

(37) リベンジ！カブトエビの研究 II

　昨年度の研究の反省から、「まだわかっていないことを研究しよう！」が科学部の合い言葉になりました。そのためには、学生の科学研究の過去の入賞作品、現在の学会レベルの研究を検索しなくてはなりません。

　日本学生科学賞の審査カードにも、カブトエビについては今までに数多くの報告があること、今後はカブトエビの生態について野外調査をすること、その中で生じた疑問を研究テーマにすることなどをアドバイスしていだきました。「K町にカブトエビがいないのはなぜか」が、研究の大きなテーマとなろうとしていましたが、はたしてよく似た研究が過去にされていたとしたら、研究を続けても仕方がありません。

　そこで、県立膳所高校の物理地学班にお願いしてこれまでに発刊された何十年分の学生科学賞全集を見せていただき、過去の研究について調べました。なるほど、埼玉県大里中学校や山形県酒田東高等学校が、カブトエビの生態や水田のあぜ際に集まる行動、産卵やふ化について詳しく研究していることがわかりました。

　ちょうどその頃、琵琶湖博物館の「フィールドレポーター」が県内のエビ類の分布を

調べようとしているということを聞きました。この調査をしようとしている人に聞けば、大きなヒントになるかも知れない。それで、博物館にこの調査をしようとしているわけを聞きに行くことにしました。

博物館の学芸員の楠岡さんとグライガーさんがその調査を計画している研究者でした。楠岡さんは甲殻類のうちミジンコの、グライガーさんはカブトエビやカイエビの専門家でした。お二人によると、博物館では各地の生物や環境、生活や風習などさまざまな身近な情報をフィールドレポーターから毎年集めていて、今年の調査のテーマが「田んぼの生き物」になったこと、特に田んぼのエビ類と貝類の分布を調査してまとめるということでした。

また、カブトエビやカイエビは県の南部しか生息が確認されていないこと、そのうちヒメカイエビの一種は大津市内の市街地に取り残された、ほ場整備をしていない田んぼからしか報告されていないことを教えてもらいました。

さらに、北アメリカから移入してきたアメリカカブトエビも県南部でしか見つかっていないこと、その県内での分布のようすはよくわかっていないことを教えてもらいました。研究者の調べているテーマが、私たちの調べていることとよく似ている！しかも、専門家でもまだはっきりわかっていないことだ。研究のテーマはこれしかないと思われました。

そこで、カブトエビが泳ぎ出す時期になったら、科学部と博物館とで共同調査をすることを約束して帰ってきました。学校に帰ると、研究のねらいについて、もう少しつっこんで話し合いました。話し合いの結果、

①　カブトエビがどの地域のどの田んぼに生息しているかを明らかにする。

②　カブトエビのいる田んぼといない田んぼの違いを明らかにする。

③　土の違いによって生育にどのような影響を受けるかを明らかにする。

④　カブトエビの分布している地域の田んぼの土の特徴を明らか

にする。

⑤　どの田んぼの土がカブトエビの幼生の生育に適しているかを明らかにする。

の５点について調べていくことにしました。

(38) カブトエビの分布調べ

　審査の先生方からのもう一つのアドバイスは「野外調査の中で生じた疑問について、理科室で検証の実験を行い、野外での観察の結果と照らし合わせて考察するようにしなさい」ということでした。

　そこで、１年生は、野外調査の基礎的な力をつけるために、２、３年生を一人ずつ指導につけて、近くの川で水質調査や生物調査をさせました。最初は田んぼの調査と掛け持ちでたいへんでしたが、そのうちに生物調査の基礎が身に付いていきました。

　５月の連休がすぐそこまで近づき、いよいよ田んぼの生き物調査を本格的にすることになりました。調査の前に、その目的についてしっかりと確認する会議を持ちました。記録用紙などをよく考えて準備し、大きな音を立てたり、むやみに採集したりしようとすると正確なデータが得られないことを注意しました。

　１年生にとっては、毎日毎日研究対象のいない田んぼの調査が続き、カブトエビとはどのようなものかわからずに研究が続けられていたのですが、いよいよこの連休中に保護者の協力を得て、カブトエビのいる栗東町や守山市に車で調査に出かけることになりました。このときには、初めて見るカブトエビに１年生たちは興奮気味でした。生物の調査は、生き物を驚かさないようにするのが基本と制しても無駄でした。そこで、最初の田んぼは好きなだけ採集する事になってしまいました。引率を頼んだある部員のお父さんが一番はりきっておられたのが印象に残っています。

　この調査には、博物館の楠岡さんとグライガーさんにも同行してもらい、カブトエビやカイエビの種類の見分け方や生態などについて教えてもらいながら、草津から栗東、そして甲賀市内をくまなく調査して回りました。また、これらのエビが分布を広げるためには、

鳥などの脚に卵がついて運ばれるのだとも教えてもらいました。

　このときにも、アメリカカブトエビは県南部の大津、草津、守山など開発が進んだ市街地近郊の田んぼからしか見つかりませんでした。また、たまたまK町役場にはった「カブトエビさがしています」のポスターが京都新聞の記者の目にとまり、「エコキッズ」という記事になりました。すると、県内各地から多くの情報が集まって来るようになりましたが、K町の近隣からは棲息の情報がひとつもありませんでした。

　採集したカブトエビは、理科準備室でしばらく飼っていました。また、部員もそれぞれ家に持って帰り、観察を続けました。理科室でカブトエビを飼っていることは、そのうちにクラブ員以外の他の生徒の知るところとなり、部員以外の生徒がときどき見物にくるようになりました。生き物とは、ただいるだけで、人を引きつけるものだと感じました。

(39) K町にカブトエビがいないわけは

　K町にカブトエビが分布しない理由の仮説として、A：カブトエビの卵が鳥によってまだ運ばれていない。B：K町の田んぼにはカブトエビが生息しにくい性質がある。の二つを考えましたが、可能性の低いAを捨て、Bを中心に追求していくことにしました。

　科学部では、田んぼを次のような項目で調査しました。①気温、水温、②水質　pH　水の色など、③田んぼの広さ、④田んぼのようす、⑤おもにどのような生物がいるか、⑥耕作の仕方。これらの調査の結果、田んぼのpHとカブトエビの分布との関係は明確にはなりませんでした。また、カブトエビとオタマジャクシ・貝類は共

存しないこともわかりました。

　耕作の仕方の聞き取りから、前作をしている田んぼ、ほ場整備などが行われ、乾燥しやすい田んぼにカブトエビは多いことがだんだんわかってきました。カブトエビの卵は、田んぼの土に産み付けられて、いったん乾燥しなければふ化しません。また、肥料や農薬を特に制約せずに使用していても、分布とは関係ないこともわかりました。

　田んぼにすむエビ類は、大型鰓脚類（おおがたさいきゃくるい）というグループに属しています。この仲間の特徴は、耐久卵と呼ばれる乾燥に強い卵を産むことです。この卵は春に田んぼに水が入ると数日でふ化し、１カ月ぐらいで成虫になります。卵は田んぼに水が入るまで泥の中でじっと耐えるのです。

　一方、近年の田んぼの耕作は、間断かん水といって、田んぼの水をよく抜いてわざと乾燥させます。さらに、ほ場整備が進んだ田んぼでは、水はけが良いために、この乾燥の度合いがきつくなります。もともと北アメリカ西部の乾燥地帯に分布していた生き物ですから、都市近郊の田んぼは故郷の環境に近いのではないでしょうか。逆にオタマジャクシは、カエルになるまでに水を抜かれてしまうと生きていけないでしょう。

　カブトエビとオタマジャクシ・貝類が共存しないのは、ほ場整備や間断かん水の影響とカブトエビが小さいオタマジャクシを食べることが考えられました。また、前作の効果として、土が掘り返される、えさとなる物質が多い、肥料などを多く使う事があるのではないかと考えました。

　さらに、カブトエビが多い田んぼの土といない田んぼの土でそれぞれ小さな田んぼのモデルを作り、その土にカブトエビの卵を混ぜてカブトエビが育つかどうかを観察しました。その結果、カブトエビが多い土ではカブトエビが生育しましたが、いない土では生育しませんでした。この結果は、卵が運ばれてきても、カブトエビが育たない土があることを示しています。研究では、田んぼのpHはイネの生長や天候などで変化し、酸性からアルカリ性に向かうことがわかりました。そこで、pHなどの土の性質もカブトエビの生育に

影響するのではないかと考え、田んぼの土の性質を次のような点で比較しました。

　①土の乾燥しやすさ、②土の中の有機物の量、③土の中のイオンに変わる物質の量、④土の酸性度、の４点で比較しました。その結果、土の乾燥しやすさにあまり差は見られませんでしたが、有機物が多くふくまれている土、pHや電気伝導度が高い土にカブトエビは多く生息するなどがわかりました。この結果から、人間が意図的に乾燥させる田んぼで、有機物が多いために幼生のえさが豊富である田んぼにカブトエビは多く分布すると考えられました。そして、Ｋ町の田んぼの土は粘土質で水はけが悪く、いつまでも乾きにくい田んぼであるためにカブトエビがいないことがわかったのです。

　遠い外国で生まれたカブトエビ。そのふるさとに近い環境を、人間が作り出している！しかも、昔とは違った田んぼの作り方がカブトエビの分布を広げている。こんな意外な結論に私たちはたどりつきました。

(40) 日本陸水学会でポスターセッション？！

　カブトエビの２年目の研究をレポートやパネルにまとめて、日本学生科学賞に応募しました。部長はＮさんからＴさんにバトンタッチされていました。Ｔさんは１年目の文化祭での発表で、機械のトラブルにも動転せず、堂々と発表を続けた女子です。

　「Ｋ町にカブトエビがいないのはなぜか」の研究は、中央審査の中学の部（共同研究）で学校賞２位に選ばれました。学校賞は、表彰式で名前を呼ばれるだけでなく、表彰状やトロフィーを直接手渡してもらえます。入選ではなく、入賞です。

　Ｔさんは、代表として表彰状を受けとり、新聞社のインタビュー

でこう語っています。「式はめちゃめちゃ緊張した。でも、今年こそは入賞と思っていたのですごくうれしかった。」「みんなでこつこつ手間をかけた作品。野外調査で歩き回るのはたいへんだったけど、入賞できて良かった。後輩の１年生たちもぜひ研究をがんばってほしい。」

　科学部の活動は地味で、運動部のように試合に勝つ喜びというものはありません。活動の原動力になるのは、わからなかったことがわかったという喜び、それと地道に積み上げた研究が、このような場で評価される喜びや誇らしさだと思います。

　この受賞がきっかけとなって、日本陸水学会が県立大学で開かれたときに、２つの高等学校の研究グループと中学生の彼らがポスターセッションに招待されました。この学会が滋賀県で開かれるにあたり、そのお世話をされていたのが博物館の芳賀学芸員さんで、一緒に調査した楠岡さんやグライガーさんから「中学生がこんな研究をしている。」ということを聞かれて、ぜひ来てほしいと招待されたのです。

　ポスターセッションは、研究内容に興味を持った質問者が、発表者に質問をするという形式の研究発表で、部員が本当にその研究に自分から取り組んでいなければ、受け答えすることができません。日本学生科学賞の最終審査でも最近はこの方式が取り入れられています。

　この発表のしかたは総合的な学習の時間の発表会などでも最近よくみかけます。しかし、小学校などでは、ポスターの前で原稿を読んだり、発表文を覚えてしゃべったりするのが一般的のようです。このことで、よく小学校の先生と議論になることがあります。本当のポスターセッションのように、質問者の質問に答えるという方式は小学校の子どもでは難しいというのです。確かにその通りですが、高学年であれば、もう少し子どもに任せることもいいのではないでしょうか。たどたどしい言葉でも、自分の言葉で伝えることが必要なのではないかと思います。でも、やはり、小学校の発表は台本で練習して、それを覚えてしゃべるスタイルがほとんどです。ひどいときには、となりの発表のじゃまになるような大きな声で。

総合的な学習の時間の協議会が東京であったときに、私自身がポスターセッションする機会があったのですが、すぐ隣のポスターの先生がこの点を誤解されていて、大声のパフォーマンスをされて閉口したという笑えない話があります。質問をすべき人も、遠巻きにごらんになるだけで、セッションそのものが成立しません。

　発表する方も質問する者も、興味関心を持ってコミュニケーションしないと成立しないのがポスターセッションです。県立大に招かれた生徒たちは、本物の研究者と堂々渡り合って、りっぱにポスターセッションすることが出来ました。

　発表の当日、私は送り迎えしただけです。このメンバーが、卒業するときに寄せ書きをしてくれた内容を一部抜粋して紹介します。「いつもマイクロバスの手配とかいろいろたいへんだったと思います。いろいろ迷惑かけましたが、私たちの好きなようにやらせてくれました。科学部の活動は、はじめてやることばかりで楽しかったです。」先生の役割ってこういうことなのだろうと思います。この寄せ書きは私の宝物の一つです。

(41) 理科の授業と科学部は…

　K中学校に赴任してから7年で、中央表彰でトロフィーを直接受け取れるような研究がやっと出来ました。私が顧問になって最初の「シロバナタンポポの果実の研究」から、手裏剣、水道水の研究、カブトエビと物理、化学、生物の分野で全国入選・入賞することができました。「残るは地学分野だけかな。」理科のすべての分野で入選・入賞することが私の密かな目標になっていました。

　しかし、今度の研究は地学分野だよなんて、そんなことは顧問が決めることではありません。部員の興味・関心が一番大切。このころまでには、心からそう思うようになっていました。科学部の活動や指導は、理科の授業とよく似ていると思われるかも知れませんが、そのころの私の理科の授業とは全然違っていました。どこが違うかというと、生徒の自主性を極力尊重する方向に努力していたということです。

理科の授業とは全く違うと書きましたが、教科の授業では学習指導要領に則った教科書があり、テスト範囲がありといろいろな制約がありますから、生徒の好きなように学習させることは現実的ではありませんでした。「先生今日なにすんの？」→「うーん実験でもするか。」→「先生それおもしろい？」→「とりあえずやるぞ、実験結果出たか？レポート出せよ。成績下がるぞ。」そんな授業をやっていました。教師としてベテランとなり、さまざまな理科の授業を見せてもらう機会が増えましたが、中学校の先生は総じて授業が上手ではないと思います。生徒に教科書の内容を伝えるのが精一杯。おもしろ実験で興味喚起しても、本当の科学のおもしろさを伝えることが出来ていないので、生徒の興味はすぐ冷めてしまう。どんなふうに授業を進めたら生徒が科学のおもしろさに気づいて科学的な見方や考え方を獲得するのかという研究があまり進んでいないのだと思います。もちろん、すごく授業が上手な先生もおられるのだと思いますが、それは個人的なレベルで、滋賀の教育界の共通理解には至っていないのかもしれません。

　本当の科学のおもしろさを伝えるためには、誰もが自信満々に自分の説をもち、それを実験の結果というデータの裏付けをもって説明する。課題は簡単なことでいいけれど、誰かが知っているような、教科書の次のページに載っていることではない、そんな授業を1年に1度でいいから仕組んでいく必要があります。そういう授業をしようと思うと、子どもが何を話しあっているのか、どんなふうに考えているのかを、的確に見て取って指導する必要があります。子どもの言葉を理解する必要があります。その点でも、小学校の先生は上手ですね。中学校の先生にぜひ見習ってほしいです。

　子どもたちが話し合いをしている場面を、小学校の理科の授業でも見せていただくこともあるのですが、すばらしい授業では、子どもたちの生き生きした姿に出合います。共通しているのが、「知らないことは恥ずかしいことではない」という文化を担任の先生が教室に根づかせておられること、「先生も答えを知らない」「問題を解き明かすのは君たちの話し合いだけだ。」ということを徹底して、つまり子どもたちの力を信じているということです。

そのことが前提にないと、子どもは正解のさぐり合いになります。結局誰の意見が正解か、それだけを短絡的に求める話し合いになってしまいます。あるいは、根拠のない空虚なあてずっぽうの回答がずらりと並ぶことになってしまいます。

　子どもたちの力を信じるといいましたが、これは難しいことです。教師は、子どもがお互いの経験を出し合い、論理的に結論を導くことを期待しています。しかし、教室での話し合いがうまくいくかどうかは、メンバーの人間関係も大きく影響します。グループの中に主に知識・理解である学力の上位、下位関係があるのは当然です。ですから、知識だけで解決する課題であると、上位の者が根拠も示さずに結論を押しつけてしまうケースがまま見られます。この場合、学力下位の者の経験は無視されてしまいます。そんな話し合いばかりしていると、結局、成績のよい子どもの意見がいつも通ってしまう。こうなると、なかなか話し合いもうまくいかなくなるのです。

　でも、科学部の活動では少し違っていました。部には学校の成績がピカいちの生徒もいましたが、もちろん、そうではない子もいました。でも、部の話し合いは、決して上記のようなケースにはなりませんでした。科学部で活かされる能力は、いわゆる学校の成績だけでははかれません。工作が得意で自作の実験道具を作ってくれる子ども、コンピュータをさわるのが大好きで、データをグラフで表すなんて朝飯前の子ども、なまけん坊だけれども、意外なアイデアがひらめく子ども、まじめで人付き合いがいい子ども、グループをまとめることが得意なリーダー、こんな力をそれぞれの子どもが持っていました。しかも、それが発揮されるいろんな機会があって、お互いにそれぞれの良さを認め合う関係が成立していたように思います。

(42) 先生は何も知らない

　中学校の理科の先生の授業を拝見すると、たいていが「教えてやるぞ」的な授業から抜けきれないでいます。この点では、小学校の先生方の授業をもっと参考にしていただきたいのですが、なかなか

小中の理科の授業研究の交流ができない現状があります。私自身も中学校の教師ですので、どちらかというと教師主導型の、もちろんそれはそれで良い点もあるとは思うのですが、そんな授業タイプが身に付いています。

　ところが、科学部の活動の指導ではそんなスタイルは取りませんでした。いや、出来なかったというほうが正解かも知れません。物理、化学、生物、地学のすべての分野で入選するためには、その指導者はそれぞれの分野にすごく精通していないとできないと思われるでしょうが、私自身は何も知らない顧問でした。今では、それが幸いしたと思っています。

　たとえば、シロバナタンポポの研究をしていたとき、わたしはシロバナタンポポなる白いタンポポがあることさえ知りませんでした。この研究は、科学部の基礎活動としてこれまでの他の研究の追試をしてみる目的で始めました。しかし部員がいざ調査してみると、次々と新しい発見をしていきます。タンポポの調査をやりだして部員たちはいろんなことを私に聞いてきました。そのころの私はまだ「知らない」というのが苦手だったので、こっそり琵琶湖博物館の布谷先生に聞いてみました。すると、タンポポといった身近なテーマでも、わかっていないことはいっぱいありました。しかも、詳しくは研究者にさえわからないということも。

　あとで考えると、顧問がこの研究はおそらくこういう結果になるだろうとわかってしまったことは、良い研究には発展しませんでした。顧問が知らなければ知らないほど科学部の研究は発展していきました。そして、研究の原動力は生徒の興味・関心とおしゃべりでした。研究が壁にぶち当たると、気分転換に理科室の掃除や大きな水槽の水換えなどをしながらおしゃべりをします。すると、誰が言い出したでもなく次の展望が見えてくるのです。そんなアイデアを出すのは、成績の良い誰かというわけではなく、あとで思い出そうとしても思い出せないような、誰かの一言だったのです。だから、顧問が押しつけることだけは何があっても我慢していました。そうすると、きっと誰かがすばらしい解決の糸口を見つけてくれる。カブトエビの研究を始めたころには確信となっていました。

カブトエビの研究はその後も続けました。Ｋ町にカブトエビがいないのはなぜか、その田んぼの条件として調べたいことはたくさん出てきました。土に残留している除草剤などが多いのではないか、カブトエビの幼生を好んで食べる生き物がいるのではないか、そんなテーマで３年目もカブトエビに取り組むことにしました。

　ところで、カブトエビの研究を続けてきた３年生は４人でしたが、その研究を受け継ぐ２年生は８人、そして新入生として１６人もの入部がありました。Ｋ中学校に赴任して初めて科学部を持ち、入部希望者がいなくて６人でスタートした頃から比べると何という違いでしょう。でも、喜んでばかりもいられません。研究テーマも一つでは部が成り立たなくなってきました。

　そこで、下級生はカブトエビの研究を受け継ぐグループとそれ以外の研究テーマを見つけるグループに分かれることになりました。新しい研究テーマに取り組むグループは、２年生が２グループ、１年生はさらに小さいグループになって研究テーマを探すことになりました。

　ところが、次のテーマは思いもよらぬところからやってきたのです。

地域の力を借りて

(43) よそのおじさんが持ってきたテーマ

　1年生は、太陽電池工作に
取り組んだり、酸性雨、風力
発電、河川の水の浄化といっ
たいわゆる環境ものに取り組
んだりするグループがほとん
どでした。グループが増えて
くると、顧問はそれぞれの研
究にアドバイスするだけで疲
れてしまいます。科学の方法

による問題解決の道筋はだいたい決まっているので、それに基づい
た検証のしかたになるように支援します。時には「いい研究をした
い」という子どもの想いがじゃまになることさえあります。
　2年生のあるグループは、入部から1年近く経つというのに未だ
にテーマが決まらずにいました。テーマは身近なところにある。こ
れもこの頃までに確信となっていましたから、1年生のような環境
ものにはOKを出さずにいました。でも、ただぼうっしているだ
けではテーマは向こうからやってくるはずもありません。ところが、
このときばかりは向こうからやってきたのです。
　ある日、K町にある温泉旅館のご主人の弟さんから、科学部に調
査依頼の電話がかかってきました。この方は、温泉の命である源泉
について興味を持ち、何かと気にかけてはいろいろなことを調べて
おられました。
　温泉の名は塩野温泉といいます。K町には、温泉として認められ
ている鉱泉が2カ所わき出していて、どちらも温泉旅館が構えられ
ています。塩野温泉はK町の西部にあって、口に含むと少し塩辛く
感じることからこの名が付けられたようです。
　その方によると、温泉の源泉になにやら見たこともない虫が生息
しているので見てほしいとのことでした。そこで、科学部で採集を

し、調べることになりました。虫はミズムシの仲間のようでしたが、詳しい種類はわからないので、標本を琵琶湖研究所(当時)の西野先生に送って調べてもらいました。

それは何の変哲もない普通種でした。しかし、地下水にすむものは河川にすむものと生活史が違うかも知れないから調べてみてはどうかとアドバイスを受け、生きたものを採集するために、もう一度源泉を見せてもらうことになりました。しかし、思ったほど採れなかったので、このテーマはあきらめることにしました。

あらかじめ、水質も少し調べさせてほしいと頼んであったので、pHと電気伝導度を調べさせてもらいました。pHは8くらいのアルカリ性で、これは井戸水ならあり得ることでした。ところが、電気伝導道は800μS/cmと高く、井戸水や雨水とはかけ離れた値でした。やはり、塩野温泉の名にふさわしく、塩水が出ているのではないかと思うほどです。

その調査の時に、源泉の水位が毎日変わるということや、その変化が天気に関係しているのではないかという話を聞きました。このことは、今から270年前に膳所藩の寒川辰清が編集した「近江興地史略」に記されているそうです。しかも、潮の満干のようなリズムがあるので、温泉が海につながっているという伝説まであるらしいのです。

この温泉旅館のある場所は、一番近い海、伊勢湾から60kmも離れています。海とつながっていることは、あるはずがないと私は思いました。試しに生徒に聞いてみると、もしかして地下でつながっているかもしれないというものと、そんなことはないというものが半々でした。こうして、科学部のテーマとして、「海につながっている温泉」が浮上してきました。

(44) 毎日の気象観測

もし、海とつながっているとしたら、一番近い海(伊勢湾)の潮の干満と水位の変化が一致するはずです。海とつながっていないとしたら、水位の変化は気圧や降水量などの気象要素との関連が考え

られます。

　研究に先だって、源泉の調査を行いました。源泉はまわりの田んぼより一段高いところにあり、ここから温泉がわき出ることから、地下から何らかの圧力がかかっていることが予想されました。温泉の水温は 10.8℃、電導度は 680 μ S/cm でした。前回の調査よりもやや電導度が低く、温泉水の状態は刻々と変化しているのかも知れません。

　そこで、水位の変化が本当にあるのか、それは潮の満ち引きに関係しているのか、それとも気象要素と関係があるのかを調べるために、毎日決まった時刻に、源泉の水位と気象要素、あわせて電導度などの水質を調べることにしました。

　塩野温泉の水位の変化をはかるため、装置を自作しました 。発泡スチロールの浮きに細い竹ひごを取り付けた簡単なものでしたが、うまく水位の変化をはかることが出来ました。調査は 3 か月間、日曜日以外の毎日 16 時 30 分頃に雨の日も風の日も測定しました。気象要素との関連は、毎日の正確な観測によってある程度の結果が出ることを予想して、生徒を励ましながら続けました。

　この研究の主力メンバーは、昨年度カブトエビの研究で学校賞を受賞した次の学年でした。カブトエビのメンバーは、昨年度までにやり残した「K 町の田んぼの土でカブトエビが育ちにくいのはなぜか」というテーマを継続して研究していました。その後輩の 2 年生は 9 人もいたので、それを 2 つに分けた 1 グループがカブトエビの研究を手伝い、もう 1 つのグループが、このテーマを本研究として取り組むことになったのです。

　3 ヶ月間のデータを、まず伊勢湾の潮位と比較しました。伊勢湾の潮位は、日本気象協会発行の「暦と潮時表　三重版」から鳥羽の潮位としました。調査日の 16 時 30 分頃に一番近い潮位をグラフをかいて読みとると、潮位は規則的に高低を繰り返しました。4 月はじめごろは温泉の水位の変化と一致するように見えましたが、その後はほとんど関係がないことがわかりました。伝説のように温泉が海に通じていることはありませんでした。では、水位の変化はなぜ起こるのでしょうか。部員たちは、気象要素との関連を考えました。

それぞれの気象要素をグラフにすると、水位の変化と最も関連深いのが気圧であることがわかりました。気圧が上がると水位が下がり、気圧が下がると水位が上がることがグラフからはっきりと読み取れます。また、降水量も水位と関係があるように見えました。でも、降水量が多かったときに温泉の電導度が下がっていないことから、雨が降りやすいときには気圧も低いからではないか考えました。このことについては、もう少し調査を続ける必要がありそうでした。

(45) 掃除機を使って実験？

　観測の結果、温泉の水位と気圧が関係していることが予想されました。しかし、気圧の変化がなぜ温泉の水位に影響を与えるのでしょうか。それを確かめるために、温泉の源泉のモデルをビンの中につくり、真空ポンプでまわりを減圧し、水位がどう変わるかを調べました。透明のビンに砂、れき、粘土などで地層を作り、温泉の井戸に見立てたガラス管をさします。

　これを減圧装置にいれて空気を薄くしてみました。減圧装置というのは、音が真空中を伝わらないことを確かめる真空鈴の実験装置のことです。このモデル実験は、ちょっと乱暴かなと思いましたが、生徒の大胆な発想を出来るだけ尊重しました。学校の理科で習った全く別のことを、この研究に結びつけるなんて生徒の発想のすごさに感心をしましたが、結果はあまり期待していませんでした。

　ところが、気圧を下げると水位が上がることが確かめられました。また、砂、れき、粘土などの地層の順番は水位には関係ないことがわかりました。なぜだろう？ここで顧問の予想は完全に覆りました。

　部員たちは、地層がなくても水位が上がるのではと考え、実験し

たところ、水位が上がりました。このとき、水からさかんにあわが出ていました。水だけの実験では、このあわがガラス管にはいりこみ水位を上げているようでした。モデル実験では自然界では起こりえないことが起こっていたのですが、これをヒントに、水位が上がる原因をA、Bのように仮説を立てました。

　　A：地層に挟まれた温泉水にかかる圧力は一定で、地下から温泉水が湧出しようとする水圧と気圧がバランスを保っている。それで、気圧が下がると水位が上がり、気圧が上がると水位が押し下げられる。

　　B：温泉が含まれている地層にはたくさんの気泡が含まれていて、気圧の変化で気泡が膨らんだり縮んだりすることで、水位が変わる。

　部員たちは、ビンの中で気泡が発生していることに注目し、Bの説が有力なのではと考えました。この仮説を確かめるために、特別な形の容器（コメリで見つけました）の中にスポンジをいっぱいつめ、水を入れて気圧を下げました。スポンジをつめたのは、中に気泡をいっぱいに含むようにという工夫です。

　このとき、真空ポンプでは強すぎて水が沸騰したようになり、極端なしかも安定しない結果になってしまいました。そこで、真空ポンプ以外に気圧を弱めに下げるものとして、掃除機を使おうということになりました。掃除機！これも大人の発想ではなかなか思いつきませんよね。

　実験の結果、水だけの時は上がらなくて、スポンジを入れたときは上がりました。スポンジに含まれている気泡が、気圧が下がることによってふくらみ、水位を押し上げていることがわかりました。塩野温泉でも同じようなことが起こっているのではないでしょうか。地層の中に含まれている気泡が気圧の変化に応じて、膨らんだり縮まったりすることによって水位が上がったり下がったりする、この研究ではこう結論づけました。

(46) 本格的な地質の調査がしたい

　研究の２年目では、地質調査や水質調査を元に、温泉の地下のようすや電導度が高い原因などについて調べたいと思うようになりました。温泉の地下の構造から、温泉の水位が気圧に対応する理由を知ることができるのではないかと考えたからです。また、塩野温泉の近くに宮乃温泉という別の温泉があり、この温泉と塩野温泉が地図上では近いこと、２つの温泉を隔てる山でトンネルを掘る工事が進められていることも地下の様子を知る絶好の機会となりました。

　そこで、研究の目的を次のように設定して研究を進めることになりました。

　　①　塩野温泉、宮乃温泉、その他の井戸について水質調査をし、温泉水と地下水の違いを明らかにする。

　　②　塩野温泉の水位と宮乃温泉の湧出量が気象要素や気象の変化に関連があるかを調べ、温泉の水位が気象と深いつながりがあることをさらに明らかにする。

　　③　温泉周囲の地質について調査をし、温泉が湧出する地下構造を明らかにする。

　　④　地下にある岩石を用いて水質がどう変化するかを実験し、温泉の水質が地下の岩石に深い関係があることを明らかにする。

　目的の①と②は、これまでに行ってきた調査を見直し、さらに観測地点を増やすことでクリアできそうです。そこで、町内のどの家

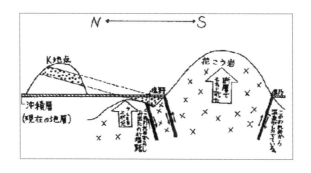

に井戸があるかを調べることから調査を開始しました。幸い、この年は科学部の部員が35人もいたために、たくさんの情報が集まりました。井戸があってもコンクリートでふたをしてしまったり、すでに埋めてしまったりしている家も多くありましたが、なんとか9カ所の井戸を探すことができました。

　部活動がある日には、毎日4カ所の調査地点を分担して観測しました。一番遠い地点まで5kmの道のりを自転車で通い観測したのです。塩野温泉の水位が気圧に対応することは昨年度からわかっていましたが、なかなか信頼性のあるデータが得られていませんでした。そのために、毎日の地道な観測による膨大なデータを必要としたのです。

　また、顧問が地学の専門ではないので、地質調査など、どのようにしたらよいのかわからないことばかりでした。その上、集めた石の標本などについても簡単な分類すらも自信がありませんでした。幸い、新しい教頭先生が地学の先生で、磯部敏雄先生(磯部鉱物化石標本室)や桑野さん(大阪教育大学修士課程：当時)を紹介してもらいました。

　さらに、塩野温泉のTさん兄弟が、源泉について大変興味をお持ちで、自分でも水位を継続調査されたり、土木関係の会社に頼んで、水位の自動測定装置を取り付けたりしていたおかげで、たくさんのデータやヒントを得ることができました。水位の測定装置を快く貸してくださったのは国土地建の柴田剛さん(測量士)です。

　塩野温泉の裏山にトンネル工事をしていた西村建設の土木部部長の西村久さんにもたいへんお世話になりました。工事中にもかかわらず、部員たちをトンネル工事の見学に誘っていただいたり、工事で出てきた岩石のサンプルをもらったりしました。

　その他、井戸の調査を快く許可してくださったSさんや宮乃温泉のTさんなど、この研究は多くの大人の支援のもとに進んでいきました。

　この研究では、温泉周囲の地質について調査をし、温泉が湧出する地下構造を明らかにすることを大きな目的としていましたが、私自身、地質の調査にはまったく自信がなく、不安だったのです。し

かし、こういったときになぜかすばらしい助っ人が現れるのがＫ中科学部の七不思議の一つでした。

(47) マリオ先生現る

塩野温泉や宮乃温泉の周辺の地質のようすについて知るために、地質調査を行いました。調査は、磯部鉱物化石標本室の磯部敏雄先生に指導いただきながら、４月30日から５月３日にかけて行いました。また、塩野温泉旅館の方、南そまトンネル工事の工事関係者の方から聞き取り調査を行ったり、トンネル工事で掘り出された岩石を採取したりもしました。さらに、（財）放射線計測協会から借用した自然放射線計測装置「はかるくん」による自然放射線の測定調査を行いました。

磯部先生は、ユニークな授業をされる国語の先生です。とっておきのお話は「恐竜のうんちの話」だと聞いています。でも、これは先生のプロフィールのごく一部なのです。

磯部先生は、所属する学校の生徒からマリオ先生と呼ばれていました。ひげを蓄えた風貌があのマリオブラザーズそっくりだからです。化石や鉱物の世界では、その人ありと知られた研究家で、自宅に「磯部鉱物化石標本室」を開設され、数多くの標本を展示公開されています。日本地学研究会・化石研究会などに所属され、そのご活躍は、新聞・雑誌などでも数多く取り上げられています。テレビにも多数ご出演で、出演番組はNHKから「キンスマ」までとバラエティーに富んでいます。この研究を始める少し前にＫ中学に在籍されていたこともあって、研究の指導をお願いしました。

当時、広域農道が付近を通過する道路工事が行われていました。この工事に伴って、近くの山に「南そまトンネル（全長286m）」が

掘られていたので、その工事現場周辺を中心に、マリオ先生に指導していただきながら、地質調査をしました。

　また、工事を請け負われた西村建設の土木部部長の西村さんにトンネル工事についてお話をうかがい、工事の時に出た岩石のサンプルをいただいたり、掘ったばかりのトンネルを見学させていただいたりしました。

　岩石のサンプルを掘り出した地点順に並べ、聞き取ったことをまとめて整理すると、温泉近くの山はほとんどが花こう岩とその風化土からできており、地面に近いほど風化が進んで柔らかくなっていることがわかりました。

　ルートマップ調査でも、塩野温泉の周辺の小山はカコウ岩かその風化土であり、近くでは断層が見られました。塩野温泉の北方、Ｋ地点では、古琵琶湖層の地層から、軽石か火山灰層がくずれてできたようなかたまりを含むレキ層が見られました。源泉のそばには、新しい温泉の井戸を掘るときに出てきたレキが積み上げられているのですが、Ｋ地点のレキ層のレキとよく似ていることに気がつきました。そこで、レキ層の傾き具合を大阪教育大学地学教室の桑野さんに計っていただいたところ、塩野温泉の地下に潜り込んでいることがわかりました。

　地質調査は、多くの専門家の先生に教わりながら、楽しく、有意義に進められました。また、休憩の合間には、通称こんにゃく石と呼ばれる、こんにゃくのように曲がる石や桜の花びらの模様がある桜石、暗い中で紫外線（ブラックライト）を当てると光る石など珍しい石や鉱物の話を聞かせていただきました。

　マリオ先生は、当時「ふるさと伊吹の岩石・鉱物・化石」執筆、八日市地学趣味の会会長など多方面にわたってご活躍で、本当にお忙しくされていましたが、こころよく力をお貸しいただきました。ありがとうございました。

(48) 放射線で地下のようすを探る

　地質調査でお世話になった専門家からは、研究のヒントをたくさ

んいただきました。その一つが、自然放射線の調査です。

　宮乃温泉はカコウ岩の風化土からわき出していることから、温泉水が、カコウ岩の断層からにじみ出ていると想像できました。塩野温泉も、その地下の比較的浅いところにカコウ岩の大きなかたまりがあって、そこからにじみ出た温泉水が地質調査で明らかになったレキ層を通して湧出しているのではないかと考えられました。

　塩野温泉の地下には、山のように大きなカコウ岩の塊があるのではないか。地下のカコウ岩の存在を知るために、自然放射線の調査を行いました。第42回学生科学賞・高校地学　学校賞1位の研究「飛騨における自然放射線の研究」によると、堆積物におおわれた地域でも、自然放射線量は基盤岩の影響を受けているとの報告があります。

　そこで、(財)放射線計測協会から放射線の測定装置「はかるくん」を3台借り受け、塩野温泉、宮乃温泉のまわり148カ所で自然放射線を測定しました。測定方法は、はかるくんの使い方に準じて、5秒間に1回読み取り、計10回の測定値の平均をその地点の自然放射線の値としました。

　測定値を6段階に色分けして自然放射能の分布図を作成しました。これを地質調査の結果と重ね合わせると、宮乃温泉付近では、カコウ岩の分布とぴったりあてはまります。このことからすると、塩野温泉の真下、地下浅くに大きなカコウ岩があることが想像できました。

　塩野温泉のTさんの話では、温泉の地下4mには大きなカコウ岩があったことがわかっていました。このことから、温泉のわき出すこの岩石の塊は比較的浅いところにあると思われます。塩野温泉付近の自然放射線の調査でも、温泉の一帯の狭い範囲で、地下の浅いところに大きなカコウ岩の固まりがあるという一致した結果が得られたのです。

　これらの調査から、塩野温泉、宮乃温泉がある地域では、カコウ岩、古琵琶湖層、沖積層が不整合に重なっていて、塩野温泉源泉は、浅い基盤のカコウ岩の上に薄いレキ層がおおっているところにあり、ルートマップ調査で発見した数本の東西方向の断層から温泉水がわ

き出しているのではないかと考えられました。一方、宮乃温泉は地表に出ているカコウ岩の割れ目から直接わき出していると考えられます。

　生徒たちは、付近一帯に降った雨水が地下深くにしみこんで、またわき出しているのではないかと想像しました。そこで、付近の岩石を細かく砕いて蒸留水を加え、電導度の変化を見る実験も行いました。この実験からすると、少なくとも1年ぐらい地下にとどまった水でないと、電導度が温泉と同じ程度にはならないことがわかりました。

　ルートマップ調査や、自然放射線の調査で目に見えない地下のようすが私たちにも解明できました。科学的に考えて、温泉の地下はこうなっているという、だいたいの予想図を書くことは出来ました。この温泉が地下で海とつながっていることはあり得ないと思っていましたが、それを実証することが出来ました。しかし、なぜ水位が上下するのかという疑問は残ったままです。

(49) 水位の変化はなぜ起きる

　これまでの調査から、地下水の水位は、降水量などの気象要素に関係が深いと私たちは感じていました。そこで、気圧と風向、風力、気温を毎日測定しました。また、降水量は新聞のお天気欄をスクラップし、昨年度より広い地域の降水と比べられるようにしました。この調査は3月27日から6月14日まで、部の活動がある日は毎日行いました。

　塩野温泉の水位は昨年度と同じように調べて記録しました。また、塩野温泉と宮乃温泉のちょうど中間に井戸のあるSさんという家があって、この井戸の調査も併せて行い、温泉水と地下水との違いや共通点も調べることにしました。また、別の井戸を持つ近くの嶺南寺についても、同じように調査しました。宮乃温泉の源泉は小さな斜面の最下部にあり、温泉水は常に池の中にわき出している状態でした。そこで、水位の代わりとして湧出量を計ることにしました。

　塩野温泉の水位は、気圧が上がれば水位が下がり、気圧が下がれ

ば水位が上がるという変化を示しました。このように、ぴたりと変化が気圧と一致するのは塩野温泉の水位だけでした。

　気象要素と温泉の水位はやはり関連があるようでした。しかし、井戸の水位はそれ以上に大きく変化したのです。このうち嶺南寺の井戸の水位は温泉と関係がないことがわかりましたが、Sさんの井戸は、塩野温泉の水位の変化とよく似ているところもありました。井戸の水位は降水量に大きく影響を受けます。塩野温泉の水位の変化は気圧の変化に対応しているのではなく、これと同じなのでしょうか。

　水位の変化とともに、水質の変化を調べる必要がありました。私たちはその指標として電導度を選びました。電導度とは水の電気の伝えやすさで、その水がどれくらいイオンを含んでいるかによって違いがあります。

　電導度は水の質によって日々変化しますが、塩野温泉が平均 471 μ S/cm（この値は、今は使われていない井戸の値です。新しい井戸の電導度は一度だけ調査させてもらいましたが、その時の値は 720 μ S/cm でした。）、宮乃温泉は 1622 μ S/cm もあります。降水の電導度は、理論的には 0 μ S/cm ですが、空気中の物質の影響でそれでも平均は 50 μ S/cm ぐらい（2002 年 K 町の降雨の記録）です。もし、降水で水位が上昇するとすれば、その時には電導度が大きく減少するはずです。また、二つの温泉に何らかの関係があれば、電導度の変化は同じように変わることも予想できます。

　電導度の変化を調べた結果、塩野温泉と宮乃温泉の変化のようすはよく似ていることがわかりました。また、塩野温泉の電導度の変化は、宮乃温泉からやや遅れて起こることもわかってきました。両温泉の起源は全く同じではないものの、なんらかの共通点があるのではないかと想像できました。

　では、井戸はどうでしょうか。嶺南寺の井戸は、電導度が低いこと、雨が少ないと水位が減り続けることなどから、雨水が山水となってわき出る湧水ではないかと思いました。Sさんの井戸は、その他にも田んぼに水を入れたりすることで水位が変化することがわかりました。

（50）台風の日の変化でわかった

　井戸の水位の変化は、降水量が深く関わるもの、さらに周りの田んぼに水が入ることで変わるものなどがありました。

　塩野温泉の水位の変化は、これらにも影響されることはあるけれども、最も関わりの深いのは気圧である。この仮説が正しいことは、ますます確実だと思えるようになってきました。

　そうであれば、温泉の水位の変化は、1日の気圧の変化に対応するはずだ。そう考えて、4月3日に塩野温泉で30分ごとに水位と気圧を測定しました。もし、水位が気圧にすぐに対応して変化するなら、1日の気圧の変化にもよく対応するはずだと考えたからです。しかし、この日は等圧線の方向にそって低気圧が移動したため、気圧の変化があまりありませんでした。水位の変化も同じように少なくなりました。ネガティブな変化はネガティブな原因によるものですが、ポジティブな結果も必要であると思いました。

　そこで、気圧が急激に変化する日に調査が必要になりました。寒冷前線がまともに通過する日か、台風の時がよいですが、そのような日に丸1日調査することは難しく、危険も伴います。そんな気象条件での測定は、中学生にはできそうにありません。

　地下水の水位と気象要素の調査はこれで終わることにしましたが、塩野温泉の水位の謎を解くには決定的なデータが足りませんでした。そんな折、思いもかけない発見がありました。調査の3年前

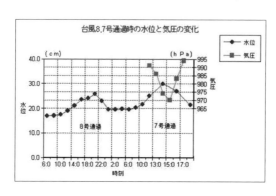

94

の9月21日から22日にかけて台風8、7号がたてつづけに日本に上陸した時の水位の変化を自動測定した記録がたまたま塩野温泉旅館に残っていることがわかったのです。また、当時の気圧の変化を測定したデータを琵琶湖博物館のホームページに見つけることができました。この2つを読みとってグラフにすると、気圧の変化の逆が水位の変化とぴたりと一致しました。

　グラフからは、台風のように急に気圧が変化すると、それに伴って塩野温泉の水位が変化していることがはっきりとわかります。気圧が下がると水位が上がるという変化は、その変化は1日というスパンでも敏感に対応していたのです。この水位の変化は塩野温泉だけに見られることから、地下水一般の特徴ではなく、塩野温泉の井戸の構造に関係しているのではないかと思われました。

　塩野温泉、宮乃温泉がある地域では、カコウ岩、古琵琶湖層、沖積層が不整合に重なっています。塩野温泉源泉は、浅い基盤のカコウ岩の上に薄いレキ層がおおっているところにあることがわかっています。また、ルートマップ調査では、この地域には数本の東西方向の断層がありました。これらのことから、温泉水は地下のカコウ岩の割れ目からわき出し、火成岩主体のレキ層を通って地上に噴出するため、地下水位の影響も受けます。

　しかし、塩野温泉の水位は、気圧の影響が最も深く関係しており、1日の気圧の変化にも対応していることが、30分ごとの観測、台風の日の自動観測からも証明できました。このように、水位が気圧の変化に素早く対応しているのは、自噴量が変化しているというよりは、温泉のわきだし口の状態に由来するのかもしれません。また、昨年度の研究で予想したように地下の気体が関係しているという仮説も可能性があると考えられました。

(51) 顧問の密かな目標達成？

　これまでにわかったことをレポートやパネルにまとめ、学生科学賞に応募しました。今回の応募はパネルだけでなく、地質調査から判明した地下の模型を段ボールで作ったり、トンネルの工事現場な

どで採集した岩石の標本をまとめたりもしました。標本の木箱も自分たちで作りました。また、何ヶ月もの調査結果と新聞の天気情報欄の結果を対応させた膨大な資料も添えました。

当時、この研究に携わったのは16人で、それぞれが分担をすることにより、レポートやその資料は充実しました。科学賞の審査結果は、みごとに入選二等賞となりました。これで、顧問の密やかな目標である物理、化学、生物、地学の4分野での全国入選が達成されました。当時の部長K君は「4カ所の水位を調べるのはたいへんだったが、研究の意欲が実を結んだ」と新聞のインタビューで答えています。何よりも豊富なデータと実験が評価された研究だと思います。

そして、例のように東京の表彰式に出席です。8年間で5回目の中央コンクール入選は、本当に生徒たちの地道な努力の結晶だと思います。ところが、その東京に意外な危険が待ち受けていました。

東京都内で1月10〜19日にかけて、品川、渋谷、西新宿と3件連続した爆発事件がおこりました。表彰式が開かれる京王プラザホテルがあるのは西新宿2丁目です。12日に品川区内で起きた爆発事件では、火薬を詰めた高圧ガスボンベに導火線をつないだ爆弾が使われていたことが21日、警視庁新宿署捜査本部の調べで分かったと当時の新聞の一面に出ています。

幸い、宿舎が今年度より京王プラザホテル内にとられることもあり、宿泊の安全面は大丈夫でしょう。当日も、例によって秋篠宮様も出席されるほどですから、警戒態勢は万全、かえって表彰式に出ていた方が安全であると判断して、出席することにしました。幸い、科学部の顧問には当時理科の講師をしていただいていたHT先生もおられ、2人での引率でしたし、親御さんへは1日に2回の定時連絡をすることにし、その情報は連絡網を通じて表彰式に参加する全ての生徒の家庭に報告される手はずを整えました。

捜査本部は、同一犯によるとみられる3事件の爆弾の構造の全容をほぼ解明、部品の流通ルートなどの割り出しを急いでいることや、爆弾を入れた木箱のふたを開けるなどすると爆発する「触発型」と無線による「遠隔操作型」の塩化ビニル管を使った爆弾が使われ

ていたことが分かっているとの情報を得て、むやみに知らない物に
さわらないなどの細かい注意をしました。

　東京では、新しくできたお台場のフジテレビ社屋や、日本未来科
学館なども見学しました。生徒も緊張していましたが、「ゆりかも
め」に乗るともうあとは東京という大都会の雰囲気を満喫していま
した。京王プラザホテルに入るまでは、私はずっと気が気ではあり
ませんでしたが、地元のK町で待っておられた校長先生などはもっ
と心配しておられたと思います。

　幸い、何事もなく表彰式を終え、帰途につきました。今時のように、
外国などテロ事件が絶えないような状況であれば、欠席やむを得ず
というような判断もあったでしょう。生徒のこれまでの努力を見て
きただけに、そのような判断をしなければならないとしたら、どれ
ほど悩むことになったかと、今更ながらに胸をなで下ろしています。

新たな指導スタイル

(52) 大所帯になった科学部

　塩野温泉の研究で中央表彰をいただいた年には、科学部は1年生から3年生まで合わせて37人の大所帯となっていました。8年前にわずか6人の1年生で始まった部活がこれほど活気づくとは、思いもよりませんでした。

　これほどの大所帯ともなると、部の研究テーマが一つというわけにはいかなくなります。何といっても、科学部の活動は部員の発意、主体性が命です。自分たちの研究だから考える、やる気が出る、発展すると思います。でも、主体性が大切だと放任しておいてもだめです。科学の研究には、これまで何百年も培われてきた方法と考え方があり、研究の過程をしっかりふまえる必要があるからです。

　研究のノウハウを生徒に伝えるにはどうするか。これまでの研究では「顧問も本気になって考える」というスタイルでしか伝えることができませんでした。生徒の自主性を尊重するとはいいながら、やはりどこか教師主導型のところがありました。

　しかし、部員が1クラス分にもなると、研究テーマは一つではとても足りません。全員がそれぞれの持ち味を生かして活躍するには、4〜5人のグループにわけることが必要だと考えました。するとテーマは8つぐらいになります。こうなると、「顧問もいっしょに探求する」というスタイルではとうてい指導できなくなります。

　そこで、それぞれのグループのリーダーを決め、そのリーダーを通して研究の指導をしていくことにしました。はたして、このやり方でうまくいくのだろうか。また、学級のグループ分けと違って、それぞれのグループが均等な人数でないといけないということもな

いわけですから、いったいどうやって分けるのか。興味・関心ごとに分けたら？そういうことも考えましたが、生徒の頭の中がのぞけるわけでもありません。

　2年生は、1年生のうちから太陽電池工作のコンテストに応募したり、部全体の活動である生き物調査、水質調査などのグループができたりしていましたので、とりあえずこれを母体にして、1年生からの研究を続けるかどうかも含めて、それぞれのグループの話しあいにゆだねることにしました。研究テーマ決めも、何の目標もなければ実態のないものに陥る危険性があるので、挑戦するコンテストや発表会を想定して、そのコンテストに入選することも目標の一つとして話しあわせました。

　そうして、2年生の本研究としては、「カナヘビの研究」「風力発電の研究 part 2」「メダカの池を救え！」などが決まりました。カナヘビの研究は、身近なは虫類であるカナヘビについて、飼育のためのえさはどんなものがよいかということから始めた手探りの研究でした。ある程度大きなカナヘビはヒシバッタなどの昆虫を食べますが、小さな生まれたばかりのカナヘビには無理です。えさになるものをいろいろ考えて与えたのですが、最後に草についている小さなクモに行き当たりました。

　また、カナヘビの横腹の模様は個体によってずいぶん異なることなどを発見していきました。女子ばかり4人のグループでしたが、小さなカナヘビをかわいがって、大切に育てていたのが印象的でした。

　カナヘビは3匹、それぞれ名前までつけて飼っていました。飼うだけでは研究になりませんから、間隔を決めて体重や体長を測定しました。えさをあまり食べない個体は、やはり体重が減っていきました。また、たまごを産むことで、体重が急に減ることを知った時には、子孫を残すことのたいへんさを感じることができました。時には、命を犠牲にしたこともありましたが、小動物を世話することで学ぶことは数多くあります。

　そのうちに、体側にある模様の違いに興味を持ち、よく観察できるように、コピー機でカナヘビをコピーして体側の模様の個体差を調べ始めました。コピーをとって調べることは、観察でカナヘビの

体力を消耗しないようにする生徒の配慮から考えられた方法です。

　カナヘビのコピーは、事務室のコピー機を借りたのですが、事務員さんは気味悪がっていたようです。飼っている内に、カナヘビのようなは虫類でも意外にかわいく思えてきて、慣れた個体は手のひらにのせても逃げなくなりました。産んだ卵をかえすことはできませんでしたが、小動物に対する愛情があふれた研究レポートを仕上げることができました。

(53) 子どもの力を信じることができるか

　K中学校へ赴任してから9年が経ちました。K中学校に赴任して一番楽しみにしていたことは科学部の顧問になることでしたが、顧問として研究を指導してきて、シロバナタンポポの果実の研究、手裏剣の軌跡の研究、水道水の溶存成分の
変化の研究、カブトエビの研究、塩野温泉の研究と物理、化学、生物、地学の4つの全ての分野で日本学生科学賞や学生けんび鏡観察コンクールといったコンクールで全国入選、入賞を果たしてきました。

　入選や入賞という結果は、もちろん研究に携わった生徒の汗と涙の結晶です。顧問がこの研究はおそらくこういう結果になるだろうとわかってしまったことは、良い研究には発展しませんでした。顧問がシロウトであればあるほど科学部の研究は発展していきました。ですから、部の指導方針は、生徒の自主性を尊重する方向に向かうことは必至でした。研究は、仮説を立てて検証していくのが自然科学のスタイルですが、教育の世界では「先生は答えを知っているものだ」という意識がどこかにあるはずです。でも、科学部の研究では、顧問もその答えを知らないことが幸いしていました。

　最初にも書きましたが、シロバナタンポポの研究をしていたとき、

わたしはシロバナタンポポなる白いタンポポがあることさえ知りませんでした。タンポポの研究は以前からよくなされており、セイヨウタンポポなどの外来種とカンサイタンポポなどの在来種の好む環境、土壌などの違いはよく報告されています。しかし部員がいざ調査してみると、次々と新しい発見をしていきます。タンポポの調査をやりだして科学部の部員たちはいろんなことを私に聞いてきましたが、ほとんど生徒の疑問に答える知識を私は持っていませんでした。

　そこで、顧問自身も生徒と一緒になって疑問を解決していくということが指導のスタイルとして定着していきました。しかし、リーダーを通して研究の各グループの指導をしていく方法に方向転換することは、今までのやり方を捨てる決断です。これまでのやり方では、やはりある程度研究の道筋や方法に少しずつでも口出しをしていたと思います。研究のほぼすべてを生徒に任せてしまうことができるのだろうか。中学生の経験や知識だけでは、研究が八方ふさがりの状態になってしまうこともあるでしょう。そのときどんなアドバイスができるだろう。それよりも、私は全面的に生徒の力を信じ切ることができるでしょうか。

　この決断を支えたのが、カブトエビの研究の指導の経験でした。カブトエビの研究では、顧問はほぼ裏方に徹することができました。私がしたことは、カブトエビという生き物に出会わせたこと、過去の文献調査、博物館の先生方とのつなぎなどで、研究の計画も実施も、考察さえまったく口出ししませんでした。研究メンバーの寄せ書きにある「私たちの好きなようにやらせてくれました。」というのは、メンバーの実感していることだったと思います。

　初めて科学部をもち、シロバナタンポポの研究をしていた頃は「顧問がシロウト」であったことが幸いしていました。それから何年もの時を経て、できるだけ生徒に任せることがよい研究をさせるこつであることを知らず知らずのうちに身につけてきたようです。

　ですから、カナヘビの研究も、風力発電の研究も、リーダーに「研究ってどのようにするのか」を伝えるのみで、あとはほとんど任せっぱなしでした。これまでの研究よりはずいぶん子どもじみたものに

なったという印象が、初めのうちはしていましたが、それは彼ら彼女らの身の丈にあったまさに「自分たちの研究」であったと思います。最初は少し幼稚でも、いろんな壁にぶち当たりながら、それぞれのメンバーが成長していくにつれて、研究の内容も中学生らしくなっていきました。

(54) 自分たちの風力発電機を作ろう

　草津の烏丸半島に、草津市立水生植物公園「みずの森」という施設があり、そこに大きな風力発電の施設がありました。「くさつ夢風車」と名付けられ、1500kw まで発電することができたそうです。
　夏休みを利用して、風力発電の研究をしている生徒たちと、そこへ風力発電システムの見学に行きました。この風力発電機はドイツ製で、3枚の羽の長さはそれぞれ 35m 弱、一番高いところでは 95m の高さになるそうです。遠くからでも、その姿ははっきりと見て取れるほどの巨大なものでした。3〜5秒に1回転して、最高出力 1500kw の電気を生み出します。見学をした日はほとんど風を感じないくらいの微風でしたので、風車は回っていましたが、発電力は 70kw ぐらいでした。あらかじめ連絡を取っておいた草津市環境課の梅影さんに、建設の時のお話などを聞かせていただきました。
　この風車を見学にきた理由は、彼女たち5人のグループが、去年から風力発電の研究をしていたからです。去年の研究では、どのようなプロペラがよいか、重さ、面積はどのくらいがよいのかというものを自作の発電装置で調べました。その結果、扇風機の強風モードでは羽の重さは5g、面積はせまいほうがよく、涼風モードでは羽の重さは5gならば面積は関係ないという結論になりました。さらに、微風モードでは羽の重さ 12g、面積は広いほうがよい、というバラバラの結論が出たのです。結論に疑問があったので、今年はその実験をもう一度検証することにしていました。
　ちょうどその頃、草津市で、烏丸半島の水生植物園に本物の風力発電装置を建設したと聞き、参考のために見学をして、担当の職員の方からいろいろとお話を聴くことにしたのです。実際に風力発電

装置が稼働している現場を見て、自分たちの研究の意味を再度確認しました。そして、正しい研究結果をもとに効率の良い発電機を製作して、自然風での発電の効率を高める研究をしようと決意を新たにしたのです。

(55) 研究を生き返らせた地道なデータ

　研究の目的は、
①　去年の研究をもう一度検証する。
②　去年より性能の良い発電機を作製する。
③　自然風でも発電できるか試す。そのためにK町の風の特徴を調べる。
でした。この中で、①の「去年の研究をもう一度検証する」ことは、地味な作業の繰り返しなので魅力的な内容ではありません。実験1として、質量を変えた羽の実験、つまり、1g、2g、3gと羽の重さを1gずつ増やす実験をします。次に、実験2として、面積を変えた実験、実験3として、長さを変えた実験と続きます。もちろん、長さを変える場合は、面積などは一定にしなければなりません。これらをすべて5段階に設定して、一からデータを取り直していくわけです。データは10回測定した平均値で出していきますから、実験回数は膨大なことになります。しかも、条件を変えるたびに実験装置を作り替えるわけですから、その大変さは想像いただければおわかりになると思います。

　もちろん、今回の実験では、前回の研究の不安定さを克服するための工夫として、新しい装置を追加しました。それが、牛乳パックと木の板で作った扇風機の風を整流する装置です。また、発電装置は、植木鉢、ねんど、木材、プラスチック板と発電用模型モーターで昨年より堅牢に、やや大きめに作りました。

　この研究のやり直しで、風力発電装置の羽根は次の3つの条件をそろえたものがいいということがわかりました。1、面積が広いこと。2、軽いこと。3、幅よりも長さを重視すること。去年の研究では、データの不安定さから「風の強さによってちょうどいい羽根

の条件は変わる」という結論を出していましたが、それを改め、納得のいく結果を出すことができました。

　さらに、自然風での発電量を測定するために、新しい発電装置を作りました。野外での使用に耐えうる木材やペットボトルなどを材料に用い、モーターと風を受ける板をつりあわせるためにバランスよく作りました。装置は、風の向きによって発電機自体が回るように工夫されていました。この装置を使って、朝、晩、規則的に気圧、気温、風向き、風速を測って、自然風での発電量を測定しました。

　ある日の測定では、午前・午後共に50mWという比較的多い発電量を得ました。この時の気象条件は、風速64m／分（デジタル風速計）、気圧が990hpa（デジタル気圧計）、気温が20.3度、風向きは北よりで、天気はくもりでした。野外での実験で、発電装置の弱いところがいくつかわかりました。1つ目は雨に弱く、天気のよい日でないと測定ができないという点です。2つ目は、弱い風では発電ができず、発電のできる日が限られてくるという点です。

　実験でわかった欠点をもっと工夫して解決し、毎日発電する事が可能な装置を作ることにしました。作ったプロペラがうまく使えなくて、作り直したり付け加えたりする点が見つかって意外に時間がかかったので、この改良は次年度の課題として残りましたが、ここまでの成果をまとめて、第4回関西中学生研究発表コンクールに出品したところ、なんと、最優秀賞を受けることになったのです。

　一度はあきらめかけたコンクールに再度出品し、みごと去年の雪辱を果たしたメンバーの心の強さに感心するとともに、このような地道な努力こそ、日本のものづくりを支えてきたのだと、一人で納得していました。

(56) 最優秀賞のご褒美は？

　関西中学生研究発表コンクールは、地球と日本の将来を担う中学生が、身近な地域のエネルギー・環境問題について学習し、自分たちにできることを考え、自分たちが選んだ未来を自ら思い描くことを目的としています（現在は実施されていません）。

研究発表のテーマは、地球
や地域の「エネルギー」、「環
境」に関することとなってい
ますので、彼女たちのテーマ
「風力発電」とぴったり一致し
ます。部活動の成果はレポー
トにまとめて応募します。こ
のレポートも、形式は指導し

ましたが、内容も文章もすべて任せっきりにしました。自由に、の
びのびと書くことで、彼女たちのがんばりが素直に現れると考えた
からです。

　当時の新聞には、生徒でアイデアを出し合い、試行錯誤を繰り返
した２年がかりの研究だけに「自然風でもきちんと発電できるよう
にしたい」（リーダーのMさん）、「すごくうれしい」（Mさん）、「苦
労したけどやりがいがあった」（Kさん）、「チームワークもばっち
り」（Mさん）、「楽しくやれた」（１年生のWさん）とそれぞれが思
い思いの感想を述べています。２年間こつこつと研究を続け、人を
納得させる結果を出せたのが認められ、わかりやすく、完成度の高
い研究になったと思います。

　これは、審査員の先生方に後で伺った話ですが、プレ審査の段階
で上位入賞が決まったものについては、その内容が科学的に正しい
かを専門家が検証した上で改めて入賞が決まったそうです。地味だ
けれども、地道な実験データの積み重ねが認められた最優秀賞でし
た。

　12月の末に毎日新聞社大阪本社で表彰式があり、研究に携わっ
た全員と私、HT先生で出席しました。HT先生は、数学も理科も
授業できる新規採用の先生で、彼女たちの優しいよき相談相手です。
ところで、このとき最優秀賞にはすごい副賞があることがわかりま
した。なんと国内研修旅行に招待されたのです。旅行先は屋久島。
1993年に世界遺産に登録された屋久島は、樹齢7200年といわれ
る縄文杉をはじめとする屋久杉で有名な自然遺産の島です。その年
の春休みに、なんと彼女たち５人と、私とHT先生までご招待いた

だけることになりました。

　旅行に先立って、屋久島ってどんなところか、学校のコンピュータ室からインターネットで調べました。屋久島が自然遺産とされた理由、屋久杉のこと、その他の観光スポットや島の電力の供給など。電力について調べたのは、この研修旅行のスポンサーとなっていただいている関西電力さんや毎日 EVR システムさんから届いた資料の中に屋久島の電気についてというプリントがあり、そういえば離島って大きな発電所もないのに電気はどうしているのかなと不思議に思ったからです。

　また、気候についても調べました。屋久島の気候は、実に亜熱帯から亜寒帯までが含まれ、九州から北海道の気候が一つの島で見られるということでした。つまり、南の島なので、３月といえども日中は少し暑くなり、屋久杉に出会える高地では逆に寒くなり防寒具が必要なようです。半信半疑でしたが、実際に屋久杉ランドでは雪が降り、そのことを痛感することになります。

(57) 屋久島日記

　３月 23 日〜26 日の日程で旅行した屋久島での出来事について紹介します。

３月 23 日

　屋久島は 1993 年に世界遺産に登録された自然がいっぱいの島です。九州最南端の佐田岬から南南西に約 60km の位置にあり、周囲約 130km の大きさです。屋久島には、樹齢 7200 年ともいわれる縄文杉をはじめ、樹齢数千年というような屋久杉があります。今回の旅行でも、これらの屋久杉に出会うことが一番の楽しみです。

　伊丹空港から飛行機を２回乗り継ぎ、亜熱帯の島「屋久島」に到着です。屋久島は面積でいうと日本で７番目の広さだそうです。そ

れでも日本の面積の 1000 分の 1、小さな南海の孤島です。

　しかし、その小さな屋久島に九州最高峰の宮之浦岳がそびえ、1500m 以上の山々が 20 もあります。そのために、海岸沿いは亜熱帯の気候でも、標高が高いところでは亜寒帯の気候が見られる珍しい土地柄です。屋久島の固有種は約 40 種類。琵琶湖の固有種が約 60 種類ですから、長い歴史と多様な環境という点では、多くの共通点があります。

　この日は、シーサイドホテル屋久島で旅の疲れをとりました。

3 月 24 日

　さて、今日は屋久杉とのご対面です。まずは屋久杉自然館、屋久島世界遺産センター、環境文化村センターで少しお勉強タイムです。知らないことばかりでびっくりしました。

　いよいよマイクロバスでヤクスギランドへ向かいます。ここには、樹齢 4000 年といわれる「紀元杉」をメインに、数々の古代杉に気軽に出会えるフィールドです。かの有名な「縄文杉」に出会うためには丸 1 日の登山を覚悟しなければなりませんが、今回は紀元杉に出会えただけでも満足です。さすがに、もののけ姫のモデルになった森です。

　この日はたいへん寒くて、紀元杉のある標高 1200m では小雪が舞っていました。午後からは、永久保の枕状溶岩などを見学しました。

3 月 25 日

　屋久島の自然は屋久杉だけでは語れません。屋久島の土台はカコウ岩からできており、いろいろな地学的な名勝があります。写真は千尋の滝（せんぴろのたき）。はば 100m ものカコウ岩の 1 枚岩を流れくる滝です。

　続いて、海底からわき出る海中温泉。海岸の岩場にわき出る温泉にそのまま入浴します。水着や下着での入浴ができないので、手をつけるだけで我慢しました。残念。わずかに硫黄のにおいがしました。

　そして、大川の滝、志戸子ガジュマル園を見学しました。ガジュマルは亜熱帯の植物なのでたいへんに珍しく、生徒たちもさわりま

くりでした。でも、わざわざ植物園に行かなくても、道ばたはヘゴやクワズイモなど、滋賀県では見られない珍しい植物がいっぱいでした。あちこちにたくさんのバナナの木が見られるのも不思議でした。

3月26日

　楽しかった「屋久島研修旅行」も今日で最後です。ホテルをチェックアウトし、屋久島空港へむかいました。屋久島空港は、空港というよりはJRの駅というかんじです。ここで屋久島のおみやげを買って、鹿児島空港、関西国際空港と飛行機で関西に戻ります。楽しくて、あっという間の4日間でした。毎日EVRの中道さん、関西電力の大橋さん、お世話になりました。ありがとうございました。

(58)屋久杉に学んだこと

　屋久島での数日間は本当に夢のように過ぎましたが、今まで知らなかった屋久杉の価値について触れることができました。
　これまで、私は屋久杉について、樹齢が数千年にも達するような、すごい植物という
印象しかありませんでした。たとえて言うなら、屋久杉は植物の中でもスーパーマン的なイメージでとらえていました。また、屋久杉でつくられた様々なものの値段が高いのは、そんな貴重な木を使うのだからとしか考えていませんでした。
　しかし、実際の屋久杉の事情はこれとは大きく異なっていました。屋久杉がこんなにも樹齢を重ねていることにはある理由があったのです。
　屋久島はたいへん雨の多い島で、最大で年間10000mmの雨量があります。しかも、高い山々が連なり、九州一の高峰、宮之浦岳

は標高 1936m もあります。一般に斜面が急な山では、土壌の浸食が進みやすいため、栄養分が流出しやすくなります。そのため、屋久島では多量の雨が急な斜面を短時間で麓まで流れてしまうので、あまり栄養分が豊かとはいえないのです。

　また、その標高差ゆえに、海岸部は亜熱帯の気候ですが、山間部は亜寒帯の気候となっている厳しい環境でもあるのです。そのために屋久杉は成長がたいへん遅く、年輪が詰まっています。年輪が詰まっているために屋久杉は腐りにくいという特徴を持っています。樹は生長がすすむとその中心部から朽ち始め、現在生きている樹皮の部分、つまり維管束まで朽ちることが進行することでその寿命を終えます。

　屋久杉は腐りにくいがゆえに、朽ちるのが遅く長寿なのです。実際、屋久杉は現在では伐採が禁じられているため、屋久杉を使った製品は過去に伐採されたものや倒木を掘り起こして材料にしています。100年以上前に伐採された木がまだ朽ちずに残っているのです。

　この腐りにくいという性質から、屋久杉は昔から建材として重宝され、伐採が進みました。特に屋根を葺く材として用いられ、屋久島の人々は米の代わりに年貢として屋久杉の板を納めていた時代もあったそうです。米のほとんどとれなかった屋久島では、この杉が生きる糧であったのです。実は、今生き残っているのは、建材に適しない、つまりあまり形の良くない樹たちなのです。二股の樹はもちろん、あの縄文杉でも、節が多くて不格好だと思いませんか。養分が少ない土地柄であり、厳しい環境のために成長が遅く、不格好であったために生き残った屋久杉。私の屋久杉に対するイメージは大きく変わりました。

(59) メダカの池を救え！

　メダカは、かつて池や沼、水路など平野部に広く見られましたが、最近では、ほ場整備や河川のコンクリート護岸工事によって、産卵や生息の場が失われています。内湖や湖岸の水草地帯ではオオクチバスやブルーギルによる食害も考えられるそうです。そのため、滋

賀県版レッドリストでは"絶滅
危機増大種"とされています。

　身近からいなくなることが心
配されているメダカですが、K
町内のある池には数がわからな
いほど棲息しています。池にあ
みを入れると、1回で何匹もと
ることができます。この池は、ある部員の自宅のそばにあることを、
科学部のテーマ探しの話し合いで教えてくれました。それ以来、土
曜日や夏休みなどまとまった時間のとれる日に、みんなで生き物調
査に出かけることにしていました。あるときの調査では、メダカの
他にタイコウチ、マツモムシ、コマツモムシ、ヒメガムシ、ハイイ
ロゲンゴロウ、ヒメゲンゴロウ、スジエビなどが見つかりました。
　ところで、この年、新名神高速道路の工事に伴う事業がK町でも
始まりました。東京・名古屋・大阪の日本三大都市を結ぶ日本の新
しい大動脈として期待されているこの道路は、2008年に亀山JC
T－草津田上IC間が開通する計画で、このメダカ池の近くにその
高速道路が建設されるらしいのです。着工の前には「自然環境保全
対策」がていねいに検討されたと聞いていますが、私たちのメダカ
は生き残ることができるでしょうか。
　この池は、直径が約3m、水深が25cmほどの小さな水たまり
です。このような小さな池にたくさんの生き物がいるのはなぜか調
べたところ、メダカ池から約50m離れたところに大きな池があり、
メダカ池はこの「おや池」とも呼べる池と水路でつながっていたの
です。おや池からは絶えず水が流れ出し、土堀の水路やメダカ池は
冬でも水が涸れない環境になっていました。
　工事の影響を心配して調べたところ、メダカ池がつぶれることは
ないけれども、この池に水を供給している上流のおや池の水がいっ
たん抜かれることがわかりました。池のメダカを工事の間移動させ
るか、別の池から水を引いてこないとメダカが全滅してしまうかも
しれません。そこで、メダカの保護に取り組むことにしました。
　まずは、工事を担当されている事務所に、メダカ池への水路を枯

らさないようにお願いしました。幸い、県立大学名誉教授で、現在滋賀県生物アドバイザーのとりまとめをなさっている小林圭介先生にもアドバイスをしていただけることになり、工事関係者の配慮で工事中もこの水路とメダカ池に水が供給されることになりました。もともと、稲作をする時期には水の供給をしなければならないため、その時期を少し早めていただくことで実現しました。

　しかし、おや池の工事の間、予測した以上の環境変化、例えば水質の急激な悪化のような変化があるかもしれません。そこで、メダカをはじめ何種類かの魚を学校の大型水槽に緊急避難させることにしました。

　メダカ池のメダカは、おや池での繁殖環境の悪化などにもめげずかえって生息数を増やす傾向さえ見られました。一方で、卵を産み付ける水草は激減してしまったので、長期的に見れば大きな打撃を被ると予想されます。この池のメダカを絶やさないよう、継続観察することも部の活動の一つと位置づけました。

さらば科学部

(60) さようならK中

　はじめて転勤を経験し、K中学校へ赴任してからあっという間に9年の歳月が流れました。科学部の顧問になり、部員たちの興味・関心の赴くまま、さまざまな科学と自然の不思議を探究してきました。

　ワイングラスの音の研究、ヨシ群落の研究、シロバナタンポポの果実の研究、手裏剣の軌跡の研究、水道水の溶存成分の研究、カブトエビの研究、温泉の研究、風力発電の研究など、その対象は物理・化学・生物・地学、多岐にわたりました。5年くらいは同じテーマで腰を据えて継続研究すればいいのではというアドバイスをしてくださる方もありましたが、まず尊重すべきは生徒の発意だと思っていましたので、その研究の中心メンバーが卒業してしまうまでの期間、3年くらいが継続の限度でした。先輩後輩の間でテーマについてもっとよく話し合わせ、交流して、もう少し長く継続させてもよかったのかもしれません。

　ところで、滋賀県の教員には、新規採用で3年、転勤後は9年、同一地域に勤務すると、別の地域に転勤しなければならない不文律があります。9年目が終わる頃には、そろそろ転勤もありかなという予感はあったのですが、的中してしまいました。学校の気風の停滞を防ぐとともに、教員の職務経験を豊かにするためにこのような不文律があるのでしょう。異動は最大の研修であるといわれることもありますから。

　しかし、生徒にとってのメリット、デメリットで考えると、これまで頼りにしていた(本当に頼りにしているかどうかは疑わしいところですが)顧問がいなくなる影響は大きいでしょう。中学校の場合、異動で最も考慮されるのは教科です。それに引き替え、部活動が異動に際して考慮されることはまずありません。地域によっては、部活動の持ち手がいなくなり、どんどん部の数が減ってしまっている学校もあります。

幸い、私が異動する場合、その後任として理科の先生が来てくださることはほぼ確実でした。新しく来ていただいた先生にうまく引き継ぎができればこんなラッキーなことはありません。どなたに赴任していただけるのか、期待して人事異動の発表を待っていました。そして、本当に幸いなことに、すばらしい先生に来ていただけることになりました。

　K先生は、たびたび理科の研究会などでもお会いする機会があり、特に生物に関して造詣の深い方です。また、スポーツも得意で、ウィンドサーフィンなども趣味の一つであるとお聞きしています。K先生に科学部の活動を引き受けていただければこんな幸せなことはありません。

　実は、中学校の教育課程にクラブ活動の時間はありません。たいていの中学校の部活動は、学校の小規模校化や指導者不足のため、現在活動している部活動を維持することに精一杯というのが現状で、K中のように、運動部も文化部も多くの部が全国レベルという学校はたいへん珍しいことなのです。

　生徒のやる気に応えるために、特に運動部の顧問は休日返上で指導をしています。しかし、部活の指導は正式な仕事でも何でもないのです。こんな不安定な制度である部活動の問題は何十年もほったらかしのままです。部活の指導は、校長先生でさえも命令することはできず、お願いする形になっています。まさに顧問の発意で成り立っているわけです。

　一般には運動部の方が練習試合などもあって、時間がとられることが多くたいへんなのですが、科学部は常に生徒とともに活動しないと成立しないという点では運動部の指導よりもたいへんでした。私は運動部顧問の経験もありますが、そういう意味で日常の活動は科学部の方が時間をとられました。運動部は、休日にこなしたメニューを生徒だけで平日活動させることもままありましたが、科学部ではそれはほとんどできないからです。

　はたして、K先生が科学部の顧問を引き継いでくださるでしょうか。指導についてのたいへんさも正直にお話しして、春休みの引き継ぎで先生にお願いしたところ、やりましょうというたいへん心強

いお返事をもらいました。

(61) K中科学部よ、これからも

　K先生は、これまでの生徒の研究をそのまま引き継いでくださいました。このあたりが、先生の誠実な人柄をあらわしていると思います。これまで何の関わりもなかった研究を指導することは、最初から関わるよりも何倍もたいへんだと思います。

　メダカ池の生態系を保全しメダカ池の謎に迫ることについては、池に水を供給するおや池の役割や池に棲息する生き物についてさらに詳しく調べられました。さらには、アメダスの降水量との関連や目視によるメダカの生息数の調査、池の水を持ち帰っての水質調査など調査対象を広げて継続研究中です。

　また、風力発電の研究では、これまでの回転数重視の研究から、力のある回転を追究する研究へとシフトさせて、4年目に突入しました。横軸の回転羽根ではなく、縦軸の回転羽根の装置を新たに開発し、自然風ではどちらが効率よく回転するのかを検証しています。

　こうした活動は、滋賀県環境教育フェアや世界水フォーラムでポスターセッションをするなど、世の中への発信を続けておられます。私は、転勤により滋賀県総合教育センターで理科の教育研究をすることになったので、このように活動の幅を広げておられることはよく耳にしており、陰ながら応援していたのでした。

　さらには、科学部としての新しいテーマ「グラウンドに生えるワカメの謎」も探究されています。研究テーマとなった「グラウンドに生えるワカメ」とはイシクラゲという植物で、グラウンドや空き地など、いろいろな場所で目にすることができます。いつも目にしているものでも「これは何？」と気づくことはなかなか難しいことです。このことからも「研究は自分の足下を掘ることが大事」という堀先生の言葉が真実だなと思います。

　「まず、仮説を立て、次に実験方法を工夫し、最後に実験結果を分析して結論を導き出します。地道な作業ですが、生徒たちは自由な発想で科学を楽しんでいます」「研究が進めば進むほど、新たな

疑問が生まれてくるものです」とあるインタビューでK先生は科学部の指導の方針についてこのように答えておられます。生徒の発想を大事にする科学部の気風は、しっかりと受け継いでいただいているようです。

　イシクラゲの研究は日本学生科学賞で入選一等を獲得しました。最近の中央審査会では、ポスターセッションによる最終選考があり、自分たちの研究成果を審査員に説明しなければなりません。これは、生徒の発意で研究し、県内での発表会などを経験しているK中にとっては得意とするところではないでしょうか。そして、晴れの舞台へ。表彰式には秋篠宮両殿下をはじめ、宇宙飛行士の毛利衛さんも列席されたそうです。

　K中科学部の皆さん。これからも科学と自然を愉しんで研究し、今回以上の賞をめざしてください。晴れの舞台が研究の原動力になることは間違いありません。しかしながら、私自身の経験からしても、研究の喜びは決して賞を取ることだけではありません。今までわからなかったことが解明できたとき「自分は昨日までと何かが違う」ということを絶えず実感することができました。「わかることが楽しい」のは、すべての学問の原点です。これからの皆さんのますますのご活躍を期待します。

あとがき

　学生時代、私は琵琶湖の固有種であるイケチョウガイ卵にあると考えられていた精子凝集素を追って、雌貝の卵のホモジネートを精製しては、雄貝の精子を凝集させる活性がないかを確かめる研究に明け暮れていました。

　しかしながら、自然界の営みというものは、そんなにたやすくその全貌を見せてくれることはありません。ちらりと裾を見せたかと思えば、ひらりと逃げる。視界は霞がかかったかのようにぼんやりと妨げられ、いくらもがいてもたどり着けないことがしばしばです。自然を相手にして何かを探究するということは常にそのようなことの繰り返しです。

　でも、眼前の課題を一つひとつ取り除き自然の不思議という姿を目の当たりにしたとき、それは人間の英知を超えた想像もしなかったような美しさを備えています。あるいは、必死にたどり着くことができたと思っても、実は幻であとかたもなく消えてしまったあとだった、というようなこともあります。

　だからこそ、自然や科学を探究することは私たちをわくわくした気持ちにさせ、大航海時代の冒険に迷い込んだような不思議な夢を観させてくれるのです。自然界にはそのような、わくわくさせるテーマがまるで宝の山のように転がっているのです。

　もちろん、中学校の科学部が研究した成果は学術的な論文とは認められませんし、世の中の役に立つものはほとんどありません。それでも、科学と自然を探究することを愉しんだ経験は子どもたちの興味と関心を大きく育て、やがては人生の何かに役立ててくれるものと信じています。何かうまく説明できないけれど、自然って科学って面白いなということが伝わればこれほど嬉しいことはありません。

　一方、私自身は子どもたちや研究のヒントをくださった方々から多くのことを学びました。特に、子どもが自然を探究する最も大きな原動力は「子どもの発意」であり、その発意に基づいて自ら探っていくことが一番大切なことであると教えてもらいました。科学

の専門家でもまだわからないことを自分たちなりの検証の方法で解明できたとき、それはこの上ない喜びへとつながります。指導する側も真剣にその事物や現象を不思議がり、子どもたちと一緒になって科学や自然の面白さにどっぷりと浸ったとき、はじめて科学部の活動を支援することができたのです。そのことは理科という教科の指導にも大切なことだと今更ながらに気づかせてもらったと思います。

　筆を置くに際して、まずはＫ中学校科学部員に感謝したいと思います。また、部の活動にご協力いただいた地域の方々、研究のヒントを与えてくださった先生方、そして、手のかかる活動を共に支えてくださった高谷晶子先生、伊藤考施先生、廣田有紀恵先生に深謝いたします。最後に、三学出版の中桐和弥さんには本書を出版するにあたって懇切丁寧に助言いただきました。心からお礼を申し上げたいです。

森　幸一　（もり　こういち）

1961 年生まれ
滋賀大学大学院教育学研究科教科教育専攻　修了
　現在、滋賀県総合企画部統計課で統計教育の普及に携わっている。
公立中学校教諭、滋賀県教育委員会指導主事、主査、公立小学校教頭、
校長を経て定年退職し現職。40 年近くにわたる教員生活で理科を
教えるかたわら、実験教室や発明教室などをボランティアで行う。

科学と自然を愉^{たの}しんで
2024 年 2 月 29 日初版印刷
2024 年 3 月 20 日初版発行

　　　編著者　森幸一
　　　発行者　岡田金太郎
　　　発行所　三学出版有限会社

〒 520-0835 滋賀県大津市別保 3 丁目 3-57 別保ビル 3 階
TEL 077-536-5403　FAX 077-536-5404
https://sangakusyuppan.com

モリモト印刷株式会社　印刷・製本